Neeta Niraula

Análise de dados: Conversão de dados não estruturados em dados estruturados

Neeta Niraula

Análise de dados: Conversão de dados não estruturados em dados estruturados

ScienciaScripts

Imprint

Cover image: www.ingimage.com

This book is a translation from the original published under ISBN 978-620-2-30424-5.

Publisher:
Sciencia Scripts
is a trademark of
Dodo Books Indian Ocean Ltd. and OmniScriptum S.R.L publishing group

120 High Road, East Finchley, London, N2 9ED, United Kingdom
Str. Armeneasca 28/1, office 1, Chisinau MD-2012, Republic of Moldova, Europe
Managing Directors: Ieva Konstantinova, Victoria Ursu
info@omniscriptum.com

Printed at: see last page
ISBN: 978-620-8-59602-6

Resumo

A extração e a análise de dados têm recebido recentemente uma atenção significativa devido à evolução das redes sociais e ao grande volume de dados disponíveis de forma não estruturada. O Hadoop e o MapReduce têm estado continuamente a implementar e a analisar grandes quantidades de dados. Neste documento, o Apache Pig, que é uma das plataformas de alto nível para a análise de grandes volumes de dados e é executado no topo do Hadoop, é utilizado para analisar ficheiros de registo não estruturados e extrair informações. Neste documento, os ficheiros do servidor de weblog são utilizados para analisar e extrair informações significativas de uma forma não estruturada para uma forma estruturada na estrutura do Apache Pig

O principal objetivo deste documento é extrair, transformar e carregar dados não estruturados numa estrutura Apache Pig e analisar os dados e o seu desempenho no modo local e no modo MapReduce. Este documento explica ainda, de forma resumida, os diferentes passos necessários para analisar ficheiros de registo não estruturados do servidor Web no Apache Pig. Este documento também compara a eficiência quando um grande volume de dados é processado no modo MapReduce e no modo local.

Reconhecimento

Gostaria de expressar a minha sincera gratidão ao Dr. Dennis C. Guster, Professor do Departamento de Sistemas de Informação, por me ter permitido realizar este trabalho.

Estou grato à minha orientadora e supervisora, a Professora Dra. Jie H. Meichsner, do Departamento de Informática, Informação e Tecnologia, pela sua orientação contínua, pelo seu esforço de aconselhamento e pela sua sugestão inverosímil ao longo da investigação.

Estou igualmente grato ao meu supervisor, Dr. Omar Al-Azzam, Professor de Informática e Tecnologia da Informação, por me ter dado o apoio logístico e as suas valiosas sugestões para levar a cabo a minha investigação com êxito.

Gostaria também de agradecer aos consultores de laboratório do Departamento de Sistemas de Informação por terem ajudado a realizar a minha investigação.

Gostaria também de agradecer aos meus amigos da Informática pela sua ajuda ao longo do estudo.

Por último, gostaria de expressar o meu sincero agradecimento à minha família, especialmente ao meu marido, por me ter encorajado e apoiado ao longo do estudo.

Índice

Capítulo 1

Introdução

De facto, os dados são sempre cruciais para os profissionais de uma empresa estudarem os pormenores do negócio, e o surgimento dos grandes dados veio facilitar ainda mais a exploração de muitas outras áreas nas grandes empresas. Entre estas áreas, uma das principais envolve a análise e a organização de diferentes tipos de dados recolhidos nas empresas. Os dados distinguem-se principalmente em dois tipos diferentes: dados não estruturados e dados estruturados numa organização. Apesar de estes tipos de dados estarem disponíveis em diferentes formatos e serem susceptíveis de serem geridos de forma diferente, o papel de cada tipo de dados é potencialmente significativo para uma organização manter registos e tomar decisões comerciais com impacto.

Os dados estão a crescer a um ritmo de 50% por ano e são normalmente representados em modelos quadridimensionais: volume, velocidade, variedade, veracidade e valor, representados como 5V. Os analistas de dados e as partes interessadas da empresa baseiam-se nestes tipos de dados para produzir alguns resultados significativos em termos de recolha, arquivo e descoberta de dados para obter alguns resultados finais úteis.

Dados estruturados

Os dados estruturados referem-se aos tipos de dados que estão disponíveis numa forma altamente organizada. São por vezes designados por dados tradicionais e são simples de introduzir, armazenar, consultar e analisar. Os dados não estruturados podem ser facilmente representados sob a forma de tabelas ou esquemas específicos. Antes da era dos grandes dados, eram os dados estruturados que as empresas utilizavam para tomar decisões comerciais. Os dados estruturados são definidos em termos de esquemas e tabelas e são utilizados para analisar utilizando uma linguagem de consulta estruturada ou folhas de cálculo Excel para efetuar consultas com bases de dados relacionais.

As ferramentas e técnicas de análise de dados estruturados são desenvolvidas com a melhoria do processamento de dados pelos computadores, a redução dos custos de armazenamento e o novo formato dos dados. No entanto, muitas empresas orientadas para os dados em todo o mundo estão atualmente a começar a levar a sério as fontes de dados emergentes e tanto os dados estruturados como os não estruturados são consultados, analisados, assimilados e melhorados para tomar potenciais decisões comerciais.

Dados não estruturados

Atualmente, os dados não estruturados estão a crescer continuamente devido ao aumento das plataformas de armazenamento de dados e ao número infinito de fontes de dados complexas, como plataformas de redes sociais, aplicações móveis, dados de saúde, weblogs, e-mails, etc. Atualmente, a maior parte das interações comerciais é, de facto, de natureza não estruturada. O desafio fundamental na gestão de dados não estruturados é a diversidade dos dados. Ao contrário dos dados estruturados, os dados não estruturados precisam de trabalhar com uma ferramenta especializada e de ser estruturados para poderem ser analisados.

Qazi e Sher (2016) afirmam que "o mundo cria 2,5 quintilhões de bytes de dados por dia a partir de fontes de dados não estruturados, como sensores, publicações nas redes sociais e fotografias digitais". Os dados não estruturados duplicam a cada três meses e, se não forem geridos, o volume de dados não estruturados será enorme (*Insights on governance, risk and compliance,* 2010). No mundo dos megadados, o crescimento acelerado das fontes, volumes e configurações de dados deve-se principalmente aos dados não estruturados. Por conseguinte, as organizações estão agora um pouco mais conscientes do volume, da composição, do risco e do valor comercial dos seus dados não estruturados. As empresas de armazenamento de dados, como a IBM, começaram agora a utilizar ferramentas e técnicas de grandes volumes de dados, como o Hadoop, o Map-Reduce, etc., para analisar todos os tipos de dados, que anteriormente só eram utilizados em áreas muito específicas para analisar as oportunidades existentes nos dados não estruturados.

Por conseguinte, tendo em conta estes desafios para a gestão de dados não estruturados, parece razoável aceitar o desafio e investigar e analisar dados não estruturados para deles extrair alguma informação útil utilizando uma das ferramentas de análise de grandes volumes de dados, o Apache Pig, que é atualmente uma tendência no mercado global.

Apache Pig

O Apache Pig, um sistema de fluxo de dados de alto nível de fonte aberta, é uma camada de abstração sobre o Map-Reduce e funciona eficazmente em qualquer tamanho, tipo ou localização de dados. Esta metodologia é popular e implementada pelo Yahoo desde 2006 para ter uma forma ad-hoc de criar e executar tarefas Map-Reduce em conjuntos de dados muito grandes. Aparentemente, o Pig desafia a ser melhor do que os SGBDR, SGBD com base no desempenho, no armazenamento e na tolerância a falhas ao nível das transacções (Minsker, 2015). Embora existam outras técnicas de análise de grandes volumes de dados que são utilizadas para a análise de dados, o Apache Pig provou ser o mais eficiente para analisar dados não estruturados.

Pig utiliza o processo ETL para o armazenamento de dados. ETL, que significa "extract, transform and load" (extrair, transformar e carregar) é o conjunto de funções combinadas numa ferramenta e é utilizado para extrair grandes quantidades de dados de várias bases de dados. O processo ETL envolve o carregamento de dados em tempo real sem interromper o processamento de dados ou efetuar análises que apoiem o processo de tomada dc decisões. Um caso de utilização comum de ETL inclui a conversão de ficheiros CSV para um formato legível por uma base de dados relacional, em que o utilizador introduz ficheiros de dados do tipo CSV e os importa para uma base de dados.

Outra vantagem doPig é o facto de poder trabalhar facilmente com dados em bruto. Ao contrário de outras ferramentas de análise de grandes volumes de dados, o Pig é a ferramenta mais eficiente que pode trabalhar com qualquer tipo de dados não estruturados, semiestruturados e estruturados. O Pig pode facilmente carregar e processar dados utilizando algumas funções definidas pelo utilizador que podem ser traduzidas numa série deMap-Reducejobs para serem executados num Apache Hadoop

Aglomerado.

Apesar de o conceito de extração e processamento de dados ter sido ultrajado durante anos, a extração e análise de dados em bruto é sempre uma questão de desafio entre a análise de dados. O desempenho, o tempo, a complexidade e a precisão dos dados são vitais e necessários para que todas as empresas avancem. Por conseguinte, é necessária mais investigação que elabore outras conclusões diferentes para analisar dados não estruturados e extrair algumas informações úteis para acelerar as estratégias do plano de negócios a partir dos dados extraídos.

Questões de investigação

Neste documento, os dados em várias formas não estruturadas são analisados, examinados e convertidos numa forma estruturada utilizando o Apache Pig. Especificamente, serão investigadas as seguintes questões:

1. Como extrair e transformar dados não estruturados numa forma estruturada utilizando a ferramenta de análise Apache Pig?
2. Como é que o Apache Pig funciona em cima do MapReduce?
3. Como manipular dados não estruturados para extrair várias informações utilizando o sistema de processamento Pig?
4. Como podem ser geradas informações significativas a partir dos dados não estruturados e como é que isso ajuda a tomar decisões comerciais úteis?

Para responder a estas perguntas, alguns ficheiros de weblog não estruturados estão a ser utilizados como entrada e gerados num formato estruturado utilizando o sistema de processamento Pig. Os ficheiros de registo não estruturados são extraídos e armazenados no sistema de ficheiros distribuídos Hadoop, HDFS.

Âmbito do estudo

Para manter o estudo compatível e funcional, são utilizados os seguintes parâmetros nesta investigação:

Sistema operativo do servidor: O sistema operativo do servidor selecionado para este projeto é o Ubuntu 16.0.1. Foi selecionado porque várias funcionalidades do Apache Pig e do Hadoop foram actualizadas nesta versão do Ubuntu.

Sistema de processamento: O sistema de processamento selecionado para esta investigação é o Apache Pig. Foi selecionado porque o Apache Pig suporta dados não estruturados de forma mais eficiente do que qualquer outra ferramenta de análise de grandes volumes de dados .

Sistema de gestão de bases de dados: O sistema de gestão de bases de dados selecionado para esta investigação é o Hadoop Distributed File System, HDFS. Este sistema foi concebido para armazenar de forma fiável conjuntos de dados muito grandes. A principal razão para utilizar o HDFS nesta investigação é que o HDFS permite armazenar metadados do sistema de ficheiros e dados da aplicação separadamente no mesmo sistema.

Tipo e tamanho dos ficheiros: São utilizados dados não estruturados como entrada. Mais especificamente, esta investigação centrar-se-á na utilização de ficheiros de registo de servidores Web que variam entre alguns megabytes e gigabytes e na geração de resultados num formato estruturado como saída.

Estas limitações tornaram o estudo manejável em termos de âmbito e esperamos que facilitem ao leitor a avaliação e a utilização dos resultados.

Capítulo 2

Revisão da literatura

A revisão da literatura pode ser dividida em quatro partes. Em primeiro lugar, é discutida a vantagem da ferramenta de análise de dados Hadoop para extrair informações de vários tipos de dados. Em segundo lugar, descreve-se a importância dos dados não estruturados para a tomada de decisões comerciais. Em terceiro lugar, são analisadas várias ferramentas de análise Hadoop com base na sua funcionalidade. Por último, é analisada a forma como as ferramentas de análise Hadoop conseguiram obter todas as informações necessárias através dos dados distribuídos.

Minsker (2015) afirmou que o maior poder da base de dados reside na capacidade de processar e armazenar dados que não eram possíveis de ser analisados em conjunto devido ao seu volume e forma não estruturada. Afirmou ainda que o Hadoop abriu a porta à análise dos sentimentos da sociedade nas redes sociais, proporcionando-lhes o caminho para a compreensão das comunicações com carga positiva e negativa que ocorrem nas redes sociais. Lai, Chen, Wu e Obaidat (2013) afirmaram que o Hadoop pode obter respostas a uma velocidade mais elevada ao implementar o processamento paralelo em muitos nós. Quando um nó deixa de funcionar, o Hadoop pode obter cópias de segurança num instante e pode recuperar dados para qualquer tipo de formato, também conhecido como tolerância a falhas. Francis e Kurian (2015) afirmaram que o Hadoop implementa o quadro Map-Reduce que ajuda a recuperar e a processar dados não estruturados e a mapeá-los em linhas e colunas para formar uma base de dados estruturada. A estrutura Map-Reduce pode emparelhar dados como um par de valores-chave e pode ser facilmente implementada utilizando Apache Pig ou Hive. O Hive funciona no lado do servidor, enquanto o Pig funciona no lado do cliente para o processamento de dados.

De acordo com Quer e Sher (2016), o big data é uma oportunidade que não só permite obter vantagens competitivas através de soluções de dados, como também criou um ecossistema em todo o mundo para melhorar o poder tecnológico. De acordo com o artigo ("Insights on governance, risk, and compliance", 2010), a base de dados relacional convencional não consegue lidar com dados não estruturados e, por conseguinte, foi introduzido um quadro como o Hadoop para processar dados não estruturados e estruturados numa plataforma de alta velocidade e efetuar uma análise mais abrangente dos grandes dados utilizando sistemas de processamento paralelo distribuídos e . Holzinger e Pasi (2013) afirmaram que cerca de 80% dos dados nas organizações não estão estruturados e não são adequados para o processamento tradicional. Por conseguinte, a utilização de grandes volumes de dados permitirá o processamento de dados não estruturados e aumentará a inteligência do sistema, o que pode resultar em diferentes oportunidades para estudar dados empresariais, tais como melhorar as vendas, aumentar a compreensão das necessidades dos clientes, apoiar iniciativas de marketing e monitorizar fraudes. "Todas as organizações precisam de perceber que todos os dados têm valor", afirma Al Almond, diretor de privacidade e conformidade com as redes sociais do TD Bank nos EUA.

Elizabeth (2013) afirmou que a análise de dados não estruturados nas empresas ajuda a descobrir temas actuais sobre os produtos a partir da opinião dos clientes. Afirmou ainda que os dados gerados, sob qualquer forma, podem ser úteis para encontrar padrões em relatórios que podem parecer prever actividades relacionadas com a atividade empresarial. Os profissionais das empresas podem ainda descobrir e compreender questões e preocupações anteriormente desconhecidas a partir do feedback do público em diferentes redes sociais, fóruns sociais, etc. Herzig (2011) afirmou que tanto os tipos de dados não estruturados como os estruturados são complementares aos dados empresariais e, por conseguinte, é necessário implementar consultas híbridas para melhorar a análise dos dados. Beach e Schiefelbein (2013) afirmaram que a monitorização de ficheiros de registo, mensagens de texto e análises de produtos de clientes em linha pode ser o meio mais eficaz para uma organização identificar riscos ocultos antes de estes surgirem como uma crise total. Justificaram ainda que a verificação de todos os tipos de dados pode proporcionar uma compreensão mais profunda das actividades comerciais em curso, garantir a conformidade com determinados regulamentos e monitorizar o empenho e a retenção dos empregados. De acordo com o site hadoop.apache.org, grandes empresas como a IBM, Amazon, Google, Facebook, AT&T, NBCUniversal, FedEx, etc. já adoptaram o Hadoop para analisar dados para fins financeiros, de marketing, publicidade e análise de sentimentos e riscos.

Gupta e Kiran (2014) afirmaram que a ferramenta utilizada pela análise de Big Data para o processamento de dados não estruturados é o Hadoop. O Hadoop implementa a estrutura Map-Reduce e pode ser utilizado para filtrar dados não estruturados e dados semi-estruturados em formatos estruturados que podem ser carregados em quaisquer outras plataformas de análise . O Hadoop é constituído por dois componentes, o Hadoop Map-Reduce para o processamento paralelo de dados, a fim de extrair dados de maior valor de ficheiros em bruto, e o sistema de ficheiros distribuídos Hadoop (HDFS), que suporta o armazenamento de baixo custo e de escala reduzida. O Hadoop é muito mais eficaz do que quaisquer outras ferramentas de análise de dados e proporciona flexibilidade que pode armazenar qualquer tipo de dados de qualquer dimensão. O Hadoop oferece escalabilidade que pode armazenar dados de terabytes a petabytes. O Hadoop foi concebido para trabalhar com grande volume, alta velocidade e diversas variedades de dados. Por conseguinte, o ecossistema Hadoop é suficientemente forte para combinar qualquer tipo de conjuntos de dados antigos e novos de diferentes formas poderosas. Devakunchari (2014) afirmou que o Hadoop foi concebido para funcionar num grande número de servidores de base. Os servidores estão dispostos num sistema e o software Hadoop é executado em cada servidor. Afirmou ainda que o Hadoop é mais adequado para executar grandes conjuntos de dados que são complexos e computacionalmente extensos. Nandimath et al. (2013) afirmaram que o ecossistema Hadoop é constituído por quatro componentes principais: Hadoop Common, sistema de ficheiros distribuídos Hadoop, Hadoop Map-Reduce e Yarn. O Hadoop Common, também conhecido como Hadoop core, contém utilitários e bibliotecas que podem ser utilizados por outros módulos do ecossistema Hadoop. Contém os ficheiros de arquivo java e os scripts necessários para iniciar o

Hadoop.

O sistema de ficheiros distribuídos Hadoop é o armazenamento predefinido para os dados processados no Hadoop. Cria várias réplicas do bloco de dados em diferentes clusters Hadoop para tornar os dados acessíveis e fiáveis. A arquitetura do HDFS funciona segundo o modelo mestre-escravo e é constituída por três componentes principais: NameNode, DataNode e Secondary NameNode. O NameNode é o nó mestre que controla os clusters de armazenamento e o DataNode actua como um nó escravo que realiza o processamento de dados no cluster Hadoop. Explicaram ainda que o MapReduce é um sistema baseado em Java em que os dados reais do HDFS são processados. O Map-Reduce divide o grande volume de dados em sub-tarefas mais pequenas, em que o Map envia a consulta de entrada para vários clusters para processamento e o Reduce recolhe todos os dados processados como uma única saída. Entretanto, tanto a tarefa de entrada como a de saída são armazenadas no HDFS. Outro componente principal do ecossistema Hadoop é o Yarn, que é responsável pela utilização dinâmica dos recursos do no quadro Hadoop. De acordo com os trabalhos de Horton, o Yarn alargou as capacidades do Hadoop para adotar novas tecnologias atraentes no centro de dados e é muito rentável. Além disso, fornece um quadro coerente para escrever aplicações de acesso aos dados que são executadas no Hadoop. Estes são os componentes principais de qualquer estrutura básica Hadoop, mas existem vários outros componentes que fazem parte integrante do ecossistema Hadoop com o objetivo de aumentar o poder do Apache Hadoop e proporcionar uma melhor integração com as bases de dados.

O Hadoop fornece acesso simplificado aos dados armazenados no HDFS e envia os dados para a camada de processamento de dados utilizando diferentes tipos de infra-estruturas como Hive, Pig, Mahout, Avro, etc. Todas estas infra-estruturas residem no topo do ecossistema Hadoop para resumir os conceitos de grandes volumes de dados. O Hive foi originalmente desenvolvido pelo Facebook e mais tarde pela Apache, permitindo aos utilizadores escrever consultas numa linguagem semelhante à SQL, HiveQL, convertendo-as em Map-Reduce. É tão simples que qualquer programador com conhecimentos de SQL pode escrever uma consulta para processamento de dados. Em primeiro lugar, armazena os metadados do esquema na base de dados e armazena os dados no HDFS e opera no lado do servidor do cluster ("Hadoop ecosystem: An introduction", 2016). Gates et al. (2009) afirma que Pig actua como um fluxo de dados de alto nível entre SQL e Map-Reduce. O Pig foi adotado pela primeira vez pelo Yahoo e tem a sua própria linguagem de programação, conhecida como Pig Latin, que pode ser compilada numa sequência de tarefas Map-Reduce e executada no ecossistema Hadoop. Pig é uma linguagem de programação processual e suporta todas as construções condicionais de programação paralela (FOREACH, FLATTEN, GROUPBY, etc.). Gates et al. (2009) admitiram ainda que o Pig é uma estrutura muito útil para o processamento de ficheiros de registo, a agregação de dados de armazenamento, a filtragem de ficheiros multimédia, etc. Eluri, Ramesh, Al-Jabri e Jane (2016) afirmaram que, para elevar a escalabilidade dos clusters de dados, os algoritmos de clustering de dados do Apache Mahout podem ser implementados no topo doHadoop usando o paradigma Map-Reduce. Eles estudaram duas técnicas de clustering diferentes K-means clustering technique e Canopy-clustering technique usando Apache Mahout. A técnica K-means parece ser eficiente de implementar, mas só é adequada para conjuntos de dados globulares, enquanto a técnica de agrupamento Canopy implementando Mahout foi adequada para conjuntos de dados globulares e não globulares. O Apache Mahout é, por conseguinte, útil para preencher os dados de grandes conjuntos de dados utilizando o motor de recomendação do Apache mahout.

Jain (2013) afirmou que, com a utilização do Apache Sqoop, os dados podem ser transferidos de forma eficiente entre o Apache Hadoop e as bases de dados relacionais de armazenamento de dados estruturados. O Sqoop é útil quando é necessário carregar dados em massa para o Hadoop a partir de sistemas de produção ou aceder a esses dados a partir de Map-Reduzir aplicações executadas num grande cluster. O Sqoop é orientado para o lote e, por isso, não é adequado para operações de consulta interactiva de baixa latência, mas atenua a carga excessiva de dados quando necessário.

As informações relacionadas com esta investigação foram revistas e estudadas neste capítulo. No próximo capítulo, centrar-nos-emos na metodologia de investigação aplicada nesta investigação e nos resultados alcançados.

Capítulo 3

Metodologia e resultados

Tal como referido no capítulo anterior sobre o ecossistema Hadoop e os seus componentes, esta investigação adopta um dos componentes do Hadoop, o Apache Pig, como tema de investigação e dados não estruturados, especialmente alguns ficheiros de registo, sobre a estrutura Hadoop. Os ficheiros de registo são processados no quadro do Apache Pig e analisados utilizando a linguagem de script do Apache Pig, *Pig Latin,* para extrair informações úteis de forma estruturada. A saída baseia-se no tipo de ficheiros de registo de entrada utilizados e na estrutura Apache Pig onde os dados estão a ser processados e analisados. O MapReduce permite ao programador especificar a função map nos dados de entrada, seguida da função reduce para gerar a saída. No entanto, a forma de adaptar os dados a este padrão é, por si só, um grande desafio. Em Pig, a própria estrutura de dados é multivalorada e aninhada, pelo que pode processar qualquer tipo de dados. Pig consiste basicamente de dois componentes diferentes, *Pig Latin* e *Grunt.* Pig Latin é a linguagem de script que Pig usa para uma série de extracções e transformações para produzir resultados a partir da entrada no ambiente Pig conhecido como Grunt. O ciclo de desenvolvimento na estrutura Map-Reduce é entediante e agitado devido ao facto de os códigos serem demasiado longos e complexos. No Pig Latin, basta usar poucas linhas de código de uma forma mais simples para fazer o mesmo trabalho. O Pig foi criado pela Yahoo para fornecer análises de dados para extrair grandes quantidades de dados. Pig divide a transformação de dados em séries de tarefasMap-Reduce em poucas linhas de código, o que permite aos programadores concentrarem-se nos dados e não na natureza da execução. Pig optimiza automaticamente a tarefa sem execução Pig Latin, ao escrever a consulta suporta a maioria dos comandos semelhantes aos operadores SQL e relacionais. Pig analisa um grande volume de conjuntos de dados uma vez, o que pode não ser adequado quando precisamos de processar dados em lotes. Mas o Pig corre em aplicações do lado do cliente e lança trabalhos que interagem com o HDFS a partir de qualquer estação de trabalho. O Pig também pode ser implementado para criar perfis de dados utilizando amostragem e também para testes rápidos de hipóteses.

Arquitetura dos porcos

O Pig funciona no topo do Hadoop e pode ler dados do HDFS para o processo de extração, transformação e carregamento (ETL) de dados. Nesta secção, abordaremos em pormenor a arquitetura do Pig e os seus componentes. O Pig utiliza o Pig Latin como linguagem de script, que pode ser escrita utilizando operadores incorporados que são executados no ambiente Pig. Existem principalmente três formas de executar scripts Pig Latin: primeiro, o modo Grunt, que é um modo interativo do Pig. Para além disso, existem certos comandos shell e utilitários suportados pelo grunt shell, úteis para testar a sintaxe e a exploração de dados ad-hoc. Em segundo lugar, o modo Script, que é executado como um conjunto de instruções a partir de um ficheiro e é executado pelo servidor Pig. O terceiro é o modo incorporado, em que certas funções definidas pelo utilizador (UDF) podem ser utilizadas utilizando diferentes linguagens como Java, Ruby, Python, etc. Este modo é adequado para criar Pig Scripts em tempo real.

Como mostrado na Figura 1, os scripts Pig do servidor Grunt ou Pig passam pelo Parser. O analisador analisa o código verificando a sintaxe do script e gera um gráfico acrílico direto (DAG) como saída. O DAG representa todas as instruções Pig Latin e os operadores lógicos. O operador lógico actua como nós e os dados fluem entre as arestas.

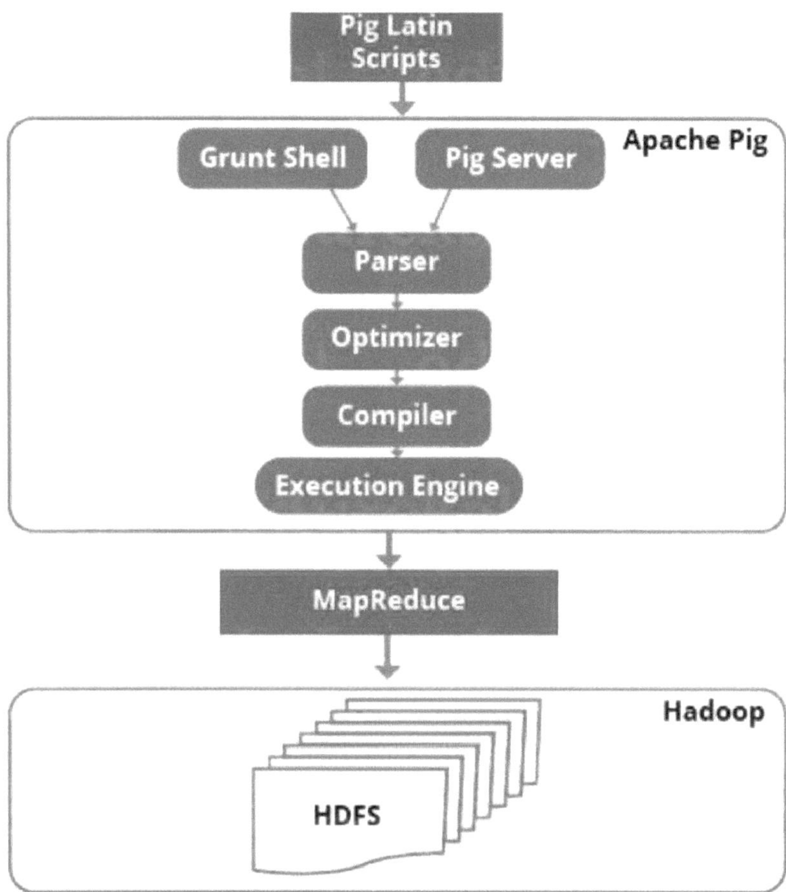

Figura 1. Arquitetura do Pig ("Hadoop ecosystem: An introduction", 2016).

O optimizador recebe o DAG como entrada e optimiza o script utilizando divisões, fusão, transformação, reordenação, etc. O optimizador também reduz a quantidade de dados no pipeline ou na fase de redução, ao passo que, para a maior parte da camada Map-Reduce, a regra de otimização visa otimizar as propriedades do MapReducejob para incluir ou não o compilador. Além disso, nesta camada são implementadas as funções de junção de consultas, ORDER BY e GROUP BY.

Após a otimização do script, o compilador compila o código optimizado numa série de

MapReduce Jobs. Os trabalhos Pig podem ser automaticamente convertidos em trabalhos MapReduce pelo compilador. Quando os MapReducejobs são submetidos para execução no motor de execução em modo local utilizando uma única JVM, os resultados necessários são gerados como saída. Para visualizar o resultado, é necessária a instrução *DUMP*.

Tipos de dados Pig

Existem dois tipos diferentes de dados doPig, os tipos escalares (valor único) e os tipos complexos. Os tipos de dados escalares são representados nas interfaces Pig por classesjava.lang e são iguais aos tipos da maioria das linguagens de programação. Os tipos de dados complexos são Tuples, Bag e Map. É fornecida uma tabela separada para explicar o modelo de dados no Pig, como mostra a Tabela 1.

Quadro 1

Id	First Name	Last Name	Faculty
1	John	Doe	Management
2	Mary	Smith	IT
3	Jane	Porter	Education

Bag

Tuples

Exemplo de modelo de dados Pig

Uma tupla é um comprimento fixo, uma coleção ordenada de campos e também é representada como o registo armazenado na base de dados relacional. Para cada tabela, podemos aceder aos campos de cada tupla utilizando índices dos campos. Os elementos dos campos podem ser de qualquer tipo e são análogos à linha em SQL. Os campos são comparados como colunas SQL e referidos por posições. Isto permite ao Pig verificar os dados na tupla. Pig permite ainda ao utilizador referenciar os campos da tupla pelo nome.

As constantes de tuplas utilizam parênteses para indicar a tupla e vírgulas para delimitar os campos da tupla, como se mostra no Exemplo 1.

Exemplo 1. {1,John,Doe,Management}

Do mesmo modo, um saco é uma coleção não ordenada de um conjunto de tuplos. Um bag pode ser redundante , o que significa que pode ter as mesmas tuplas dentro do esquema e, portanto, não ser referenciado pela posição. Para que o Apache Pig processe um saco, a sequência dos campos e os respectivos tipos de dados devem estar em sequência. As constantes de saco são construídas entre parênteses, com tuplas no saco separadas por vírgulas, como se mostra no Exemplo 2. que mostra a relação entre o estudante e a sua faculdade e constrói um saco combinado a partir de muitas tuplas ordenadas. No Exemplo 2, John, Doe, Management), (Mary, Smith, IT), (Jane, Porter, Education) são tuplos e Bag é representado por parêntesis, incluindo todos estes tuplos.

Exemplo 2. {(John, Doe, Management), (Mary, Smith, IT), (Jane, Porter, Education)},

{(John, Doe, Gestão), (Mary, Smith), (IT, Jane, Porter), (Porter, Educação)}

(John, {(Doe, Gestão), (Mary, Gestão)}).

Um mapa é um par chave-valor representado como elementos de dados. Os mapas contêm chaves únicas e são representados como chararray [ ] e contêm um nome de coluna único que pode ser indexado para aceder ao valor associado a ele. Como o Pig não sabe o tipo do valor, ele assumirá que é um array de bytes. No entanto, o valor real pode ser algo diferente. Se o valor for de um tipo diferente do array de bytes, Pig descobrirá o valor do tipo de dados em tempo de execução. Como se mostra no Exemplo 3, as constantes Map são formadas usando parêntesis que delimitam o mapa usando *hash* entre chaves e valores, e é usada uma vírgula entre pares chave-valor. No Exemplo 3, existem duas chaves, "FirstName" e "Id". O primeiro valor é uma matriz de caracteres e o segundo é um número inteiro.

Exemplo 3. [Nome Próprio# João, Id#1], [Nome Próprio#Maria, Id#2]

Tanto os tipos de dados simples como os complexos podem ser anexados ao esquema Pig durante o

Load. Por defeito, char array é o tipo de dados predefinido para Pig.

Para além das diferentes invocações de Pig, Pig funciona principalmente em dois modos: local e MapReduce. Nesta investigação, o Pig será executado no modo MapReduce, em que o trabalho Pig é executado como uma série de trabalhos de redução de mapas e o HDFS é o armazenamento dos ficheiros de dados de entrada e de saída. No sistema de processamento Pig são processados diferentes tipos de ficheiros de registo, tais como ficheiros de registo do servidor Web e ficheiros de registo de acesso.

Fluxo de trabalho geral do Apache Pig

Quando as funções definidas pelo utilizador são implementadas ou qualquer ficheiro de registo de entrada é utilizado dentro da shell Pig GRUNT, estão envolvidos os seguintes passos, conforme explicado na Figura 2.

1. Análise de scripts

   - Verificar a sintaxe e as variáveis de referência válidas.

   - Verificar se os tipos de dados estão corretamente inicializados ou não.

   - Inferência de esquemas

2. Optimizador lógico

   - Passar o plano lógico gerando uma sequência de modelos de consulta semânticos bem fundamentados para resolver a consulta.

3. Plano físico

   - Traduzir o plano lógico em plano físico para cada operador lógico, descrevendo especificamente os operadores físicos que o Pig utilizará para executar os scripts.

4. Plano MapReduce e sua otimização

- Atribuir cada operador físico a uma fase do MapReduce (tarefa Map e tarefa Reduce).

- Minimizar o número de fases de redução com base na natureza das operações das optimizações MapReduce.

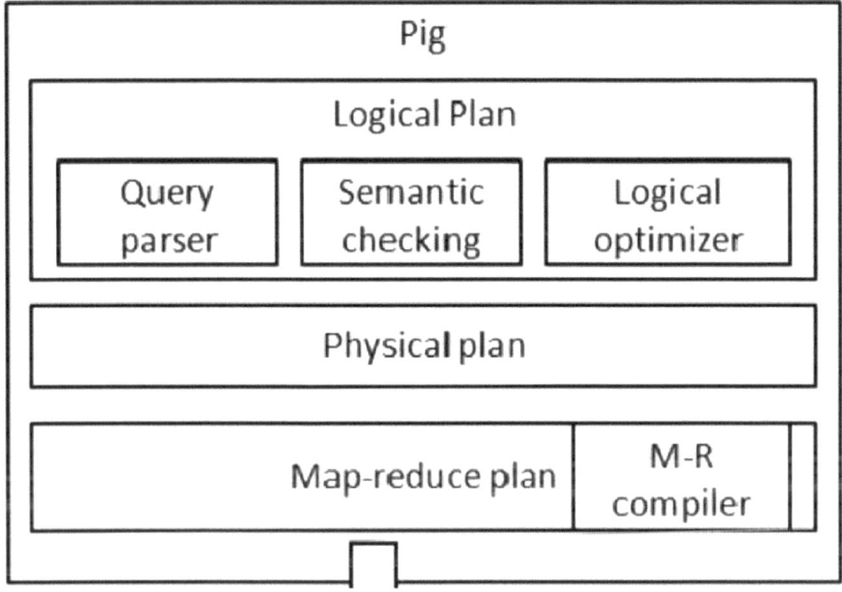

Figura 2. Arquitetura do fluxo de trabalho do Apache Pig ("Hadoop ecosystem: An introduction", 2016).

Os processos envolvidos na arquitetura Pig para transformar os programas Pig Latin em código executável são explicados na Figura 2. O código executável tem a forma de tarefas MapReduce que passam por diferentes fases que incluem um analisador, um optimizador lógico, um optimizador físico, um optimizador MapReduce e o compilador MapReduce.

Pig também pode ser utilizado para transformação de colunas, filtragem, ordenação e agregação personalizada. Pig também abre o poder do MapReduce. Para conhecer o fluxo de trabalho ou o Apache Pig, a nossa investigação centra-se na análise de dados de ficheiros de registo da Web, tal como explicado no caso de teste abaixo.

Estudo de caso: Análise de relatórios de registos de acesso

Este estudo de caso inclui a utilização de comandos Pig do apache e a criação de algumas funções definidas pelo utilizador para processar ficheiros de dados de registo de acesso. Os relatórios de registo utilizados na análise são os pedidos HTTP de dois meses ao servidor WWW do Centro Espacial Kennedy da NASA, na Florida. Os relatórios de registo contêm registos recolhidos de 1 de julho de 1995 a 31 de julho de 1995, num total de 31 dias. O ficheiro de registo contém o endereço IP do servidor, o método (GET/POST), o URI do pedido (request_link e request destination), o código de estado HTTP e o agente do utilizador. O estudo de caso ilustra a metodologia de processamento e análise do Apache Pig utilizando o sistema de ficheiros distribuídos Hadoop.

Problema. O formato dos registos de acesso é muito enigmático. Estes ficheiros existem normalmente para auditoria técnica de sítios e resolução de problemas. Para manter a segurança e investigar os incidentes na Web em qualquer organização, estes registos têm de ser monitorizados e analisados. Com uma análise e inspeção adequadas, é possível identificar tentativas de intrusão, equipamentos mal configurados, comportamento do utilizador e muito mais.

Neste caso, encontraremos o número total de vezes que um sítio Web foi visitado nos últimos 31 dias (1 a 31 de julho).

Entrada (Ficheiros de registo de acesso). Os ficheiros de registo de acesso são os ficheiros gerados pelo servidor e também conhecidos como ficheiros de registo do servidor para fornecer informações solicitadas ao servidor pelos utilizadores. Quando um utilizador se liga a um sítio, o computador, o programa de navegação e a rede fornecem alguns dados ao próprio servidor do sítio para criar um registo do ficheiro que foi pedido. Uma amostra de um ficheiro de registo do servidor Web é apresentada na Figura 3.

```
199.72.81.55 - - [01/Jul/1995:00:00:01 -0400] "GET /history/apollo/ HTTP/1.0" 200 6245unicomp6.unicomp.net - - [01/Jul/1995:00:00:06 -0400] "GET /shuttle/co
p.net - - [01/Jul/1995:00:00:14 -0400] "GET /shuttle/countdown/count.gif HTTP/1.0" 200 40310unicomp6.unicomp.net - - [01/Jul/1995:00:00:14 -0400] "GET /imag
asahi-net.or.jp - - [01/Jul/1995:00:00:19 -0400] "GET /images/launchpalms-small.gif HTTP/1.0" 200 11473205.189.154.54 - - [01/Jul/1995:00:00:24 -0400] "GET
-0400] "GET /images/NASA-logosmall.gif HTTP/1.0" 200 786ix-orl2-01.ix.netcom.com - - [01/Jul/1995:00:00:41 -0400] "GET /shuttle/countdown/ HTTP/1.0" 200 398
HTTP/1.0" 200 12054scheyer.clark.net - - [01/Jul/1995:00:00:58 -0400] "GET /shuttle/missions/sts-71/movies/sts-71-mir-dock-2.mpg HTTP/1.0" 200 49152ppp-nyc-
05.189.154.54 - - [01/Jul/1995:00:01:08 -0400] "GET /shuttle/missions/sts-71/images/images.html HTTP/1.0" 200 7634www-a1.proxy.aol.com - - [01/Jul/1995:00:0
istory/apollo/images/footprint-small.gif HTTP/1.0" 200 18149205.189.154.54 - - [01/Jul/1995:00:01:19 -0400] "GET /shuttle/missions/sts-71/images/KSC-95EC-04
mages/launchmedium.gif HTTP/1.0" 200 11853slip1.yab.com - - [01/Jul/1995:00:01:29 -0400] "GET /shuttle/resources/orbiters/endeavour.gif HTTP/1.0" 200 169911
0:01:43 -0400] "GET / HTTP/1.0" 200 7074link097.txdirect.net - - [01/Jul/1995:00:01:44 -0400] "GET /shuttle/missions/sts-78/mission-sts-78.html HTTP/1.0" 20
atech.org - - [01/Jul/1995:00:01:52 -0400] "GET /images/NASA-logosmall.gif HTTP/1.0" 200 786199.72.81.55 - - [01/Jul/1995:00:01:52 -0400] "GET /images/WORLD-
01/Jul/1995:00:01:57 -0400] "GET / HTTP/1.0" 200 7074ix-or10-06.ix.netcom.com - - [01/Jul/1995:00:01:57 -0400] "GET /software/winvn/userguide/wvnguide.gif H
.gif HTTP/1.0" 304 0netport-27.iu.net - - [01/Jul/1995:00:02:01 -0400] "GET /images/NASA-logosmall.gif HTTP/1.0" 304 0netport-27.iu.net - - [01/Jul/1995:00:
/Jul/1995:00:02:12 -0400] "GET /shuttle/countdown/liftoff.html HTTP/1.0" 200 4538scheyer.clark.net - - [01/Jul/1995:00:02:13 -0400] "GET /shuttle/missions/s
T /shuttle/countdown/video/livevideo.gif HTTP/1.0" 200 62761lmsmith.tezcat.com - - [01/Jul/1995:00:02:16 -0400] "GET /shuttle/countdown/ HTTP/1.0" 200 3985d
sts-71/images/KSC-95EC-0918.txt HTTP/1.0" 200 1391link097.txdirect.net - - [01/Jul/1995:00:02:25 -0400] "GET /shuttle/missions/sts-65/sts-65-patch-small.gif
th-pc.moorecap.com - - [01/Jul/1995:00:02:38 -0400] "GET /history/apollo/images/apollo-small.gif HTTP/1.0" 200 9630dynip42.efn.org - - [01/Jul/1995:00:02:39
1.0" 200 509ix-or10-06.ix.netcom.com - - [01/Jul/1995:00:02:47 -0400] "GET /icons/menu.xbm HTTP/1.0" 200 527ix-or10-06.ix.netcom.com - - [01/Jul/1995:00:02:
-0400] "GET /cgi-bin/imagemap/countdown?102,210 HTTP/1.0" 302 95dd11-054.compuserve.com - - [01/Jul/1995:00:03:01 -0400] "GET / HTTP/1.0" 200 7074onyx.south
" 200 12054brandt.xensei.com - - [01/Jul/1995:00:03:08 -0400] "GET /images/KSC-logosmall.gif HTTP/1.0" 200 1204piweba3y.prodigy.com - - [01/Jul/1995:00:03:0
tch-small.gif HTTP/1.0" 200 12054129.188.154.200 - - [01/Jul/1995:00:03:14 -0400] "GET /images/launchpalms-small.gif HTTP/1.0" 200 11473lmsmith.tezcat.com -
GET /images/KSC-logosmall.gif HTTP/1.0" 200 1204www-a1.proxy.aol.com - - [01/Jul/1995:00:03:20 -0400] "GET /cgi-bin/imagemap/countdown?107,144 HTTP/1.0" 302
00 49087midcom.com - - [01/Jul/1995:00:03:33 -0400] "GET /history/apollo/apollo-13/apollo-13-patch-small.gif HTTP/1.0" 200 12859ix-or10-06.ix.netcom.com - -
" 200 17459slip1.yab.com - - [01/Jul/1995:00:03:40 -0400] "GET /images/landing-747.gif HTTP/1.0" 200 110875isdn6-34.dnai.com - - [01/Jul/1995:00:03:40 -0400
0400] "GET /shuttle/missions/sts-71/images/KSC-95EC-0868.jpg HTTP/1.0" 200 61848205.189.154.54 - - [01/Jul/1995:00:03:51 -0400] "GET /shuttle/missions/sts-7
shuttle/missions/missions.html HTTP/1.0" 304 0teleman.pr.mcs.net - - [01/Jul/1995:00:03:57 -0400] "GET /images/launchmedium.gif HTTP/1.0" 304 0teleman.pr.mc
995:00:04:05 -0400] "GET /images/MOSAIC-logosmall.gif HTTP/1.0" 200 363129.188.154.200 - - [01/Jul/1995:00:04:05 -0400] "GET /images/USA-logosmall.gif HTTP/
apollo/images/apollo-logo.gif HTTP/1.0" 200 3047unicomp6.unicomp.net - - [01/Jul/1995:00:04:16 -0400] "GET /ksc.html HTTP/1.0" 200 7074205.189.154.54 - - [0
ET /shuttle/missions/sts-67/mission-sts-67.html HTTP/1.0" 200 21408129.94.144.152 - - [01/Jul/1995:00:04:25 -0400] "GET /shuttle/technology/sts-newsref/sts
01/Jul/1995:00:04:27 -0400] "GET /images/construct.gif HTTP/1.0" 200 1414slip1.yab.com - - [01/Jul/1995:00:04:28 -0400] "GET /history/history.html HTTP/1.0"
tle/missions/sts-71/movies/sts-71-hatch-hand-group.mpg HTTP/1.0" 200 49152netport-27.iu.net - - [01/Jul/1995:00:04:34 -0400] "GET /images/KSC-logosmall.gif
gosmall.gif HTTP/1.0" 200 786savvy1.savvy.com - - [01/Jul/1995:00:04:44 -0400] "GET /images/KSC-logosmall.gif HTTP/1.0" 200 1204news.ti.com - - [01/Jul/1995
.39.14 - - [01/Jul/1995:00:04:52 -0400] "GET /shuttle/countdown/ HTTP/1.0" 200 3985news.ti.com - - [01/Jul/1995:00:04:52 -0400] "GET /images/WORLD-logosmall
-71/images/images.html HTTP/1.0" 200 7634ix-sd11-26.ix.netcom.com - - [01/Jul/1995:00:05:06 -0400] "GET /cgi-bin/imagemap/countdown?107,144 HTTP/1.0" 302 96
m.com - - [01/Jul/1995:00:05:17 -0400] "GET /icons/menu.xbm HTTP/1.0" 200 527net-1-141.eden.com - - [01/Jul/1995:00:05:17 -0400] "GET /shuttle/missions/sts-
ect.net - - [01/Jul/1995:00:05:23 -0400] "GET /icons/menu.xbm HTTP/1.0" 200 527ix-war-mi1-20.ix.netcom.com - - [01/Jul/1995:00:05:23 -0400] "GET /icons/text
```


Figura 3. Ficheiros de registo do servidor Web.

Os dados apresentados na figura 3 são separados por espaços. São constituídos por endereço IP, carimbo de data/hora, fuso horário, tipo de pedido, ligação pedida, detalhes do pedido, código de resposta e agente do utilizador (bytes). Normalmente, a escala destes ficheiros é bastante grande e não é possível executar consultas pelo método convencional. Por isso, vamos implementar o Apache Pig para manipular estes ficheiros de registo e gerar as estatísticas necessárias que nos ajudam a compreender a utilização do servidor, a popularidade do sítio Web, a frequência das visitas dos utilizadores e o total de bytes transferidos. O principal objetivo da utilização dos ficheiros de registo de acesso é

i. Identificar os sítios Web mais populares para obter informações utilizando funções definidas pelo utilizador no sistema Pig Processing.

ii. Implementar funções de carregamento personalizadas para carregar os ficheiros de formato de registo comuns do Apache no Apache Pig.

iii. Utilizar vários operadores de junção de conjuntos de dados baseados em Pig join em valores comuns a cada conjunto de dados

Resultado esperado. O resultado deve ser capaz de mostrar o número total de visitas de qualquer sítio Web num determinado período de tempo.

Exemplo 4. **www.google.com foi visitado 272 vezes de 15/03/2017 a 20/03/2017.**

Solução. Os ficheiros de registo são descarregados do sítio Web NASA-HTTP. Para processar ficheiros de registo não estruturados do servidor Web, o passo principal é carregar os conjuntos de dados no sistema de ficheiros distribuídos Hadoop (HDFS). Para tal, é criado um diretório no HDFS e armazenados os ficheiros de registo de acesso no HDFS para processamento posterior.

O principal objetivo desta investigação é implementar um sistema de processamento Pig para encontrar um registo estruturado das visitas ao URL ao longo de um determinado período de tempo registado num ficheiro de registo de tipo de dados não estruturados. Os dados de entrada do HDFS são carregados no sistema Pig. Pig tem uma palavra-chave especial chamada *"Load"* para carregar dados no PigStorage. No sistema Pig, os dados são armazenados e transformados através de relações. Cada transformação de dados é atribuída a uma variável como um dado, como mostra o exemplo abaixo. A localização para carregar o ficheiro é baseada nesse modo específico

(MapReduce ou local) em que Pig é executado. Implementámos ambos os modosMapReduce e Modo *local.* O modo MapReduce também é conhecido como modo de cluster, em que o arquivo está localizado dentro do local especificado do HDFS. No Code Snippet 1 dado, os dados são carregados a partir do Hadoop Distributed File System localizado em 7user/AccessLogAnalysis/WebLogs/ AccessLogFileΓ localização do ficheiro utilizando a variável '*data*'. Os dados são carregados especificando um esquema específico para o ficheiro *AccessLogFile1*. Vejamos ip_add[chararray], ip_add é a palavra-chave de entrada que informa Pig que é do tipo chararray.

Code Snippet 1.
```
data = LOAD
'/user/AccessLogAnalysis/WebLogs/AccessLogFile1'
usingPigStorage (' ')AS (
      ip_add:chararray,
      temp1:chararray,
      temp2: chararray,
      timestamp: chararray,
      timeZone: chararray,
      cs_method:chararray,
     cs_uri:chararray,
      request_dest:chararray,
     port: int,
      bytes: int
     );
```

As relações são definidas para cada dado transformado que actua como uma referência a um conjunto de dados. Ip_add é uma referência ao endereço IP de todos os URL listados no ficheiro *inputAccessLogFile1*. Por outras palavras, estas relações funcionam como um conjunto de tabelas com funções e colunas definidas pelo utilizador. Como mencionado no trecho de código 1, os dados carregados como entrada são separados por espaço e cada linha é um evento distinto. A saída gerada pelo comando *Describe* confirma o mesmo esquema que é especificado juntamente *com LOAD.* Depois de os dados serem carregados, como mostra o fragmento de código 1, para calcular o total de bytes transferidos em cada intervalo de tempo, os dados são agregados com base no carimbo de data/hora, como mostra o fragmento de código 2.

Code Snippet 2.
```
time_data = GROUP data BY timestamp;
       DESCRIBE time_data;
     byte_count = FOREACH time_data GENERATE group AS
     timestamp,SUM(data.bytes) AS total_bytes;
```

O trecho de código 2 acima define a relação *'timejktta'* e *'byte count'. Os dados temporais* consistem em dados agrupados por *carimbo de data/hora.* Assim, a nova coluna na relação de *contagem de bytes* é o *carimbo de data/hora* e o *total de bytes.* Os valores dos dados são extraídos da relação *timedata*, que é agrupada por *carimbo de data/hora*, e a soma dos bytes dos dados agrupados é calculada como *total de bytes*. Cada grupo de dados gerado neste caso são carimbos de data/hora em que os pedidos foram recebidos no servidor.

Como se mostra no Code Snippet 3, carregamos todos os *dados* em *ipdata*, que é agrupado por *ipadd,* endereço IP dos ficheiros de entrada do registo de acesso. Depois, para cada um dos dados carregados em *ipdata, é gerada uma contagem de ip como o total de visitas.*

Code Snippet 3.

```
ip_data = GROUP data by ip_add;
DESCRIBE ip_data;
ip_count = FOREACH ip_data GENERATE  group AS
timestamp, COUNT(data) AS total_visits;
```

A contagem do número total de pedidos é recebida de um endereço IP específico e é gerada para obter o número total de visitas do utilizador. A consulta é ainda executada para ordenar os dados com base no total de visitas, a fim de obter o momento em que são registadas as visitas máximas, como se mostra no fragmento de código 4.

Code Snippet 4.

```
sort_data = RANK ip_count BY total_visits DESC;
DUMP sort_data;
STORE ip_count into
'/user/AccessLogAnalysis/OutPut3' USING PigStorage
(',');
```

Por fim, a palavra-chave *DUMP* descarrega o resultado e armazena a saída na localização do ficheiro de saída especificado utilizando o comando *STORE*, tal como se mostra no fragmento de código 4.

A função *PigStorage* utilizada no trecho de código acima é uma função de leitura incorporada com argumentos separados por espaços para ler dados. Os esquemas de dados são declarados quando as operações baseadas em colunas são executadas. Define-se o nome de cada coluna e o tipo de dados da coluna. Por defeito, o tipo de dados da coluna é o *chararray*, mas existem outros tipos de dados incorporados suportados pelo Pig. As colunas *Port* e *bytes* são do tipo de dados integer e as outras colunas utilizam chararray por defeito.

A análise dos registos é crucial e contém muitas informações. O comando *DESCRIBE* pode descrever qualquer relação. Isto pode ser útil quando precisamos de compreender como as instruções "Join" e "Group" são utilizadas numa determinada relação. DESCRIBE time_data descreve time_data e a utilização de outras instruções como *"DISTINCT", "FILTER", "GROUPBY"* é útil para eliminar a redundância de dados.

Os filtros podem ser utilizados para filtrar dados com base nos requisitos do utilizador. Este estudo de caso filtra todos os dados com base nos endereços IP que têm o número de porta 200.

Filtered_data = FILTER ip_data by Port == 200;

A saída aqui também é criada no HDFS, como mostrado na Figura 4.

Figura 4. Resultado do despejo para gerar a saída.

Resultado. Analisando e processando os ficheiros de registo no sistema Pig, podemos obter o visitas de um utilizador específico, visitas por unidade de tempo e pedidos falhados. Como se mostra na Figura 4, o número de visualizações de cada página Web é obtido utilizando o comando *DUMP* e o resultado é impresso na shell grunt sem ser guardado num ficheiro. A análise é posteriormente realizada e armazenada na base de dados para disponibilizar os dados aos utilizadores finais. Quando o sistema Pig completa a sua análise, o resultado é armazenado no HDFS e é disponibilizado um relatório completo da localização dos ficheiros, como mostra a Figura

5.

```
HadoopVersion   PigVersion   UserId  StartedAt   FinishedAt   Features
2.7.1   0.16.0   hadoop1 2017-02-08 23:44:02   2017-02-08 23:47:02   GROUP_BY,DISTINCT

Success!

Job Stats (time in seconds):
JobId   Maps   Reduces MaxMapTime   MinMapTime   AvgMapTime   MedianMapTime   MaxReduceTime   MinReduceTime   AvgReduceTime   MedianReducetime   Alias   Feature Outputs
job_local825091494_0004 2   1   n/a   n/a   n/a   n/a   n/a   n/a   n/a   n/a   ip_count,ip_data   GROUP_BY,COMBINER   /user/AccessLogAnalysis/OutPut1,
job_local994152450_0003 2   1   n/a   n/a   n/a   n/a   n/a   n/a   n/a   n/a   data   DISTINCT

Input(s):
Successfully read 1891715 records (2031283308 bytes) from: "/user/AccessLogAnalysis/WebLogs/AccessLogFile1"

Output(s):
Successfully stored 81983 records (1607741976 bytes) in: "/user/AccessLogAnalysis/OutPut1"

Counters:
Total records written : 81983
Total bytes written : 1607741976
Spillable Memory Manager spill count : 0
Total bags proactively spilled: 0
Total records proactively spilled: 0

Job DAG:
job_local994152450_0003 ->   job_local825091494_0004,
job_local825091494_0004
```

Figura 5. Registo de saída do porco.

Como mostra a Figura 5, após a execução do comando DUMP, a saída é armazenada como um ficheiro de saída na localização do HDFS (Hadoop Distributed File System). O primeiro par de linhas apresenta um breve resumo do trabalho. Hadoop version, Pig version, Userid, startedAt é o momento em que Pig submete ojob, não o momento em que o primeirojob começa a executar o cluster Hadoop. FinishedAt é a altura em que Pig termina o processamento do trabalho, que será ligeiramente posterior à altura em que o último trabalho MapReduce termina.

A secção denominada Job Stats (Estatísticas do trabalho), como mostra a Figura 5, apresenta uma análise de cada MapReducejob que foi executado. Inclui o número de tarefas de mapeamento e redução que cada trabalho tem, no nosso caso temos uma tarefa de mapeamento e uma de redução. Além disso, inclui estatísticas sobre o tempo que estas tarefas demoraram e um mapeamento de aliases no script Pig Latin para osjobs. As secções de entrada, saída e contadores são auto-explicativas. Na Figura 5 acima, um total de 1891715 registos provém do *rnpuiAccessLogFilel* e 81983 registos são armazenados no ficheiro de saída num formato estruturado.

URL	Total Visits
taltal	3749
triton	3736
acm.org	3712
apt.com	3672
asi.com	3650
bix.com	3597
cml.com	3579
crl.com	3561
dfw.net	3178
diab.se	3116
efn.org	3017
flo.org	2946
fsd.com	2669
fwi.com	2597
amsa.ch	2555

Figura 6. Amostra de saída.

Como se pode ver na Figura 6, a tabela mostra as listas deURL's e a contagem de visitas por URL após a execução do ficheiro webServerLog.pig no sistema Pig (na página seguinte).

O grupo de operações obriga a uma fase de redução onde se pode definir o nível de paralelismo a implementar. Se não for especificado nenhum paralelismo, o número de redutores é calculado através da fórmula:

```
reducers = (int)Math.ceil((double)totalInputFileSize / bytesPerReducer)
   TotalReducers = Math.min(maxReducers, reducers)
```

Onde,

maxReducersNumber é 999 por defeito

bytesPerReducer is 1073741824 (1GB) bytes by default.

TotalReducers = Min(999, (2031283308/ 1073741824))

= 1.81978

~ 1 reducers

Na captura de ecrã acima, na Figura 5, o número de mapas é 2 e o de redutores é 1 e na entrada foram lidos 1891715 registos, enquanto na saída foram reduzidos 81983 registos e armazenados na localização HDFS como um ficheiro de saída.

Código (webserverlog.Pig). O código apresentado abaixo é o script Pig Latin utilizado para carregar o ficheiro *AccessLogFile3* e definir o nosso próprio esquema para a entrada, que é delimitada por espaços. O ouput é gerado e armazenado na localização do ficheiro HDFS como um ficheiro *OutPut3* num formato strcutured separado por vírgula.

```
data = load
'/user/AccessLogAnalysis/WebLogs/AccessLogFile3'
using PigStorage (' ') AS (
ip_add: chararray,
temp1: chararray,
temp2: chararray,
timestamp: chararray,
timeZone: chararray,
cs_method: chararray,
cs_uri: chararray,
request_dest: chararray,
port: int,
bytes: int
);
data = DISTINCT data;
time_data = GROUP data BY timestamp;
DESCRIBE time_data;
byte_count = FOREACH time_data GENERATE group AS
timestamp, SUM(data.bytes) AS total_bytes;
ip_data = GROUP data by ip_add;
DESCRIBE ip_data;
ip_count = FOREACH ip_data GENERATE  group AS
timestamp, COUNT(data) AS total_visits;
```

```
sort_data = RANK ip_count BY total_visits DESC;
DUMP sort_data;
STORE ip_count into
'/user/AccessLogAnalysis/OutPut3' USING PigStorage
(',');
```

À medida que este código é executado, ojobs é executado e vemos o estado impresso na shell do grunt como o número de registos gerados como saída, o número de registos escritos, o total de bytes escritos e o Diret Acyclic Graph (DAG) listado no trabalho.

Desempenho. Os ficheiros, quando utilizados em modo local, demoraram cerca de 3 minutos a processar cada ficheiro de registo da Web, ao passo que, quando executados no modo MapReduce, demoraram cerca de 5 minutos a processar o mesmo ficheiro de registo com a mesma dimensão, como se mostra na Figura 7 e na Figura 8.

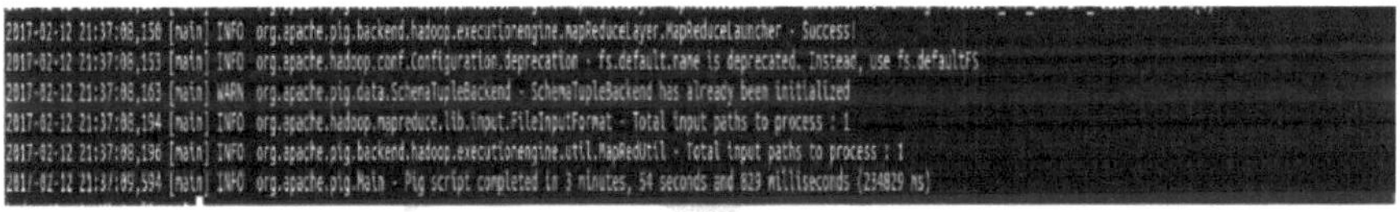

Figura 7. Tempo de processamento doPig Script no local.

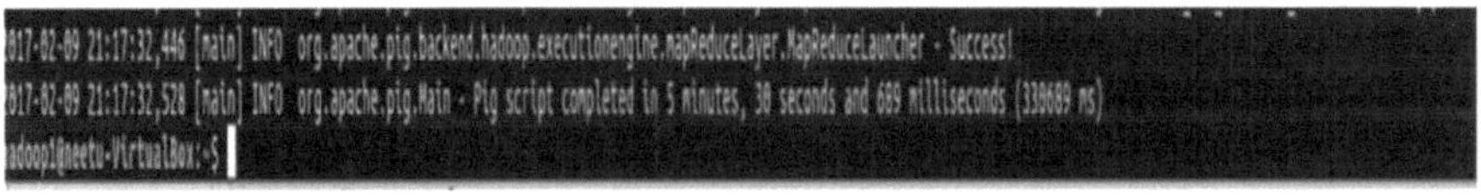

Figura 8. Tempo de processamento do scriptPig no modo MapReduce.

Quadro 2

Avaliação do desempenho no modo local e no modo MapReduce

Mode	Time Taken	File Size
Local Mode	3 minutes (approx..)	283128383308 bytes
MapReduce Mode	5 minutes (approx..)	283128383308 bytes

Embora o tempo de processamento no modo local pareça mais eficiente do que no modo MapReduce, como mostra a Tabela 2. Os resultados apresentados acima são gerados quando a tarefa de mapa é apenas uma (um servidor), mas o que acontece quando o nosso trabalho tem 10 000 tarefas de mapa? O modo local não consegue executar, uma vez que é executado localmente num único servidor (nó único). Por conseguinte, quando a tarefa de mapa aumenta ou quando os dados são processados através de grandes clusters (vários nós), o modo MapReduce parece ser mais eficiente do que o modo local.

Em todos os processos acima referidos de inserção de ficheiros de registo de entrada não estruturados no sistema de processamento Apache Pig, implementando e gerando algumas informações úteis a partir dos registos, podemos obtê-las no quadro Apache Pig utilizando algumas das nossas funções definidas pelo utilizador. À medida que o tamanho do ficheiro de entrada aumenta, cada fase do MapReduce efectua determinadas optimizações e o trabalho é reduzido drasticamente. O processamento Pig é útil para construir modelos de previsão de comportamento com base na interação do utilizador num sítio Web. Utilizando o analisador de fluxo baseado em Pig, a análise dos ficheiros de registo do servidor Web é feita com maior comodidade e facilidade, sem qualquer conhecimento profundo de programação. Utilizando o paradigma típico do MapReduce, o módulo de divisão de tarefas MapReduce e o Pig incorporado são compilados para obter o total de visitas por URL num determinado período de tempo. No próximo capítulo, concluiremos os resultados da investigação e proporemos alguns trabalhos futuros a partir da nossa análise.

Capítulo 4

Conclusões e trabalho futuro

Com o aumento dos tipos de dados em todo o lado, a gestão dos dados é um grande desafio. Para gerir os dados, todas as organizações devem desenvolver uma cultura orientada para os dados, em que a recolha e o armazenamento são parte integrante do negócio. Para lidar com esta complexidade, as organizações necessitam de um conhecimento combinado da análise de todos os tipos de dados que contêm algum tipo de informação relacionada com a empresa. Este documento revela como estes ficheiros complexos de weblog são analisados utilizando uma das ferramentas de análise de dados do Hadoop, o Apache Pig. Pig pode facilmente processar dados extraídos de diversas fontes e processá-los utilizando a sua linguagem de script simples, conhecida como Pig Latin. Os dados são processados utilizando várias instruções Pig Latin e filtrados de forma a eliminar a redundância dos dados. Os dados a processar neste documento são descarregados dos ficheiros de registo do servidor Web da NASA, armazenados no HDFS e acedidos no cluster para executar a tarefa MapReduce. Os resultados obtidos mostram que uma grande quantidade de ficheiros de weblogs não estruturados pode gerar informações úteis de forma estruturada quando utilizados no sistema de processamento Apache Pig.

A implementação de grandes volumes de dados está a crescer recentemente e, entre os diferentes tipos de estruturas de grandes volumes de dados, o Apache Pig é um trabalho em curso. É um projeto de código aberto e está a ser trabalhado ativamente pelo Yahoo, Facebook, bem como por vários outros colaboradores externos e de saúde para reunir informações úteis a partir de dados não estruturados. Desde 2006, quando o Pig foi descoberto pela primeira vez, até recentemente, o próprio Pig desenvolveu a sua própria linguagem, que inclui várias declarações Pig Latin, tipos de dados, operadores gerais e relacionais e funções definidas pelo utilizador (UDF). Ao implementar o Apache Pig, a análise do registo do servidor Web é muito mais simples e o tempo consumido na investigação dos complexos circuitos de controlo e construções de programação para

A implementação em modo local atípico, para um trabalho de mapa ou em modo MapReduce para vários trabalhos de mapa, diminuiu numa percentagem maior.

Para além do tratamento de dados, os dados recebidos podem estar em qualquer estado e podem conter alguns dados úteis e redundantes. O sistema de processamento deve não só ser capaz de processar os dados, mas também suportar a limpeza e a definição de perfis dos dados. O Apache Pig é enriquecido com estas caraterísticas para ultrapassar as preocupações com a qualidade dos dados. Os dados agregados do Pig são um subconjunto mínimo de dados e são carregados no Data Warehouse para análise de negócios e empresas. Relatórios. O Google utiliza o mesmo algoritmo para melhorar o desempenho, examinando o comportamento do utilizador. Assim que os dados entram no cluster Map-Reduce como input, passam por vários processos, como map and reduce, e é gerado um output refinado no sistema de ficheiros distribuídos Hadoop. Os dados dentro do cluster Map-Reduce também suportam a adição de dados adicionais aos clusters sem ter de reindexar tudo de novo. Muitas empresas utilizam o Hadoop para analisar consultas de alto nível que eram um grande desafio há alguns anos. Os dados dentro do cluster Map-Reduce também geram um modelo de processamento iterativo e podem acompanhar todas as novas actualizações juntando o modelo comportamental aos dados do utilizador. Esta caraterística é amplamente utilizada em sítios de redes sociais como o Facebook e sítios de microblogging como o Twitter. O Pig não pode ser considerado tão eficaz como o MapReduce quando se trata de processar pequenos dados ou de analisar vários registos por ordem aleatória.

O trabalho futuro pode ser alargado à utilização da estrutura Pig para implementar ficheiros de acesso a weblogs não estruturados em vários clusters de grandes dimensões para análise de previsão da página seguinte a ser visitada pelo utilizador, implementando alguns artefactos de inteligência artificial. Além disso, outra área em que podemos alargar a nossa investigação futura é examinar o trabalho MapReduce quando este tem 10 000 tarefas de mapa em vez de uma e qual será a eficiência do sistema.

Referências

Beach, C., & Schiefelbein, W. R. (2013, 31 de dezembro). Dados não estruturados: Como implementar um sistema de alerta precoce para riscos ocultos. *Journal of Accountancy*. Recuperado de http://www.journalofaccountancy.com/issues/2014/jan/20126972.html.

Devakunchari, R. (2014). Manipulação de grandes dados com o kit de ferramentas Hadoop. *Conferência Internacional sobre Comunicação de Informação e Sistemas Embarcados (ICICES2014).* dofl0.1109/ ιcιces.2014.7033839

Elizabeth, M. (2013). *Capturando o valor de dados não estruturados.* SAS Institute, Inc.

Eluri, V. R,, Ramesh, M., Al-Jabri, A. S. M., & Jane, M. (2016). Um estudo comparativo de várias técnicas de clustering em grandes conjuntos de dados usando o Apache Mahout. *2016 3rd MEC Conferência Internacional sobre Big Data e Cidade Inteligente (ICBDSC),* Muscat, 15-16 de março de 2016, 1-4. doi.org/10.1109/ICBDSC.2016.7460397.

Francis, N., & Kurian, K, S. (2015). Processamento de dados para aplicações de big data usando o framework Hadoop. *IJARCCE.* doi:10.17148/ijarcce.2015.4343

Gates, A. F., Natkovich, O., Chopra, S., Kamath, P., Narayanamurthy, S. M., Olston, C., ... Srivastava, U. (2009). Construindo um sistema de fluxo de dados de alto nível em cima do map-reduce. *Actas do VLDB Endowment,2*(2), 1414-1425. doi:10.14778/1687553. 1687568

Gupta, B., & Kiran, J. (2014). Big data analytics com Hadoop para analisar ataques direcionados a dados empresariais. *Jornal Internacional de Ciência da Computação e Tecnologias da Informação (IJCSIT), 5*(3), 3867-3870.

Ecossistema Hadoop: Uma introdução (2016). *Jornal Internacional de Ciência e Pesquisa (IJSR), 5*(6), 557-562. donl0.21275/v5ι6.novl64121

Herzig, M. D. (2011). Classificação de pesquisa híbrida para dados estruturados e não estruturados.

O

Instituto AIFB, Instituto de Tecnologia de Karlsruhe, Alemanha. Parte II, LNCS 6644, pp. 518-522.

Holzinger, A., & Pasi, G. (2013). Interação humano-computador e descoberta de conhecimento em dados complexos, não estruturados e grandes. *Actas do Terceiro Workshop Internacional, HCI-KDD 2013,* SouthCHI 2013, Maribor, Eslovénia, 1-3 de julho de 2013. Berlim: Springer.

Perspectivas sobre governação, risco e conformidade. (2010). Recuperado em 29 de janeiro de 2017, de http://ey.com/GRCinsights.

Jain, A. (2013). *Apache Sqoop instantâneo.* Packt Publishing, Ltd.

Lai, W. K., Chen, Y.-U., Wu, T.-Y., & Obaidat, M. S. (2013). Rumo a uma estrutura para armazenamento e processamento de dados multimédia em grande escala na plataforma Hadoop. *The Journal of Supercomputing, 68*(1), 488-507. doi:10.1007/sll227-013-1050-4

Minsker, M. (2015, janeiro). *O Hadoop vale a pena?* Recuperado em 29 de janeiro de 2017, de www.destinationCRM.com.

Nandimath, J., Banerjee, E., Patil, A., Kakade, P., Vaidya, S., & Chaturvedi, D. (2013). Análise de grandes dados usando o Apache Hadoop. *2013 IEEE 14ª Conferência Internacional sobre Reutilização e Integração de Informações (IRI).* doiT0.1109⁄iri.2013.6642536

NASA-HTTP. (n.d.). Recuperado em 24 de janeiro de 2017, de http://ita.ee.lbl.gov/html/contrib/NASA-HTTP.html.

Qazi, R. U. R., & Sher, A. (2016). Aplicações de Big Data nas empresas: Uma visão geral. *A Revisão Internacional de Gestão de Tecnologia, 6* (2), 50. doiT0.2991⁄itmr.2016.6.2.3

Apêndice

A. Especificações e requisitos do sistema

1. Ubuntuvl6.0.2

2. Hadoopv2.7.1

3. Porco v0.16.0(rl746530)

B. Interface Web do utilizador do HDFS

1. Visão geral do sistema de arquivos distribuídos Hadoop Página

Para além da interface de linha de comandos, o Hadoop fornece uma interface de utilizador web do gestor de recursos HDFS. A interface HDFS é útil em modo pseudo-distribuído e em modo totalmente distribuído. A imagem 1 mostra o número da versão, o ID do cluster e o ID do conjunto de blocos da versão do HDFS utilizada.

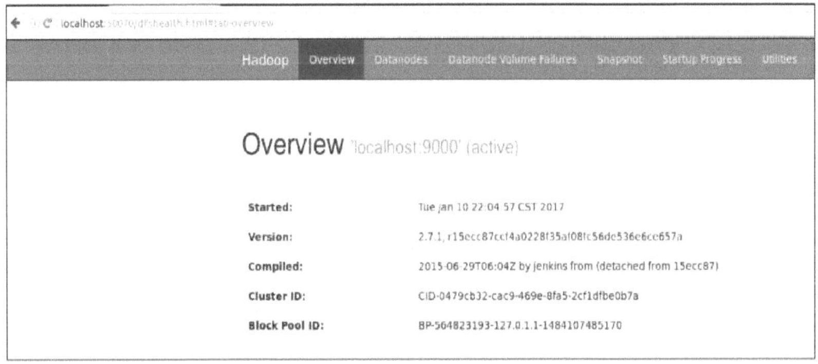

Imagem 1. Interface Web do utilizador do HDFS Descrição geral

2. Nó

Como se mostra na imagem 2, o resumo da IU do HDFS configurado que é utilizado na nossa investigação. Inclui o tamanho total disponível para configuração, a utilização de nós de dados, o número de nós activos e nós mortos disponíveis, o número total de blocos sub-replicados e a hora de início da eliminação de blocos. O nó ativo é o nó cujos filhos estão atualmente a ser utilizados durante o processo.

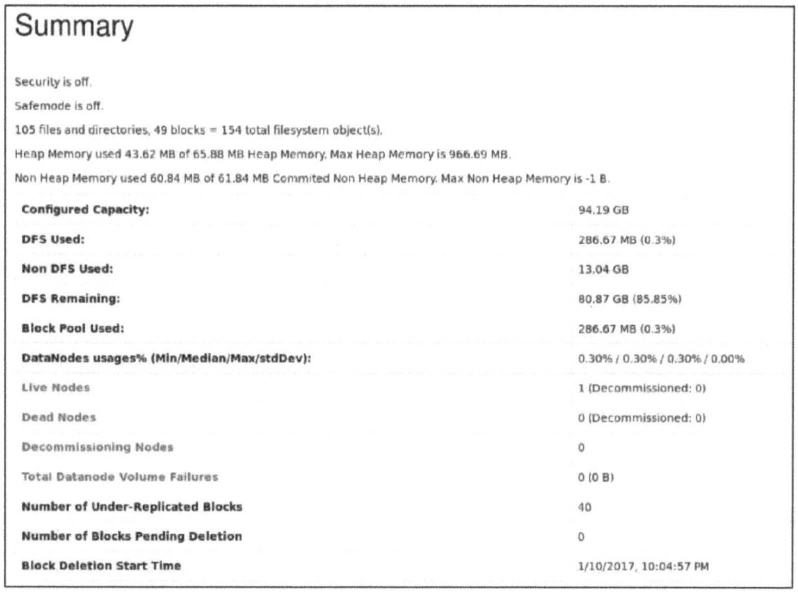

Summary

Security is off.

Safemode is off.

105 files and directories, 49 blocks = 154 total filesystem object(s).

Heap Memory used 43.62 MB of 65.88 MB Heap Memory. Max Heap Memory is 966.69 MB.

Non Heap Memory used 60.84 MB of 61.84 MB Commited Non Heap Memory. Max Non Heap Memory is -1 B.

Configured Capacity:	94.19 GB
DFS Used:	286.67 MB (0.3%)
Non DFS Used:	13.04 GB
DFS Remaining:	80.87 GB (85.85%)
Block Pool Used:	286.67 MB (0.3%)
DataNodes usages% (Min/Median/Max/stdDev):	0.30% / 0.30% / 0.30% / 0.00%
Live Nodes	1 (Decommissioned: 0)
Dead Nodes	0 (Decommissioned: 0)
Decommissioning Nodes	0
Total Datanode Volume Failures	0 (0 B)
Number of Under-Replicated Blocks	40
Number of Blocks Pending Deletion	0
Block Deletion Start Time	1/10/2017, 10:04:57 PM

Imagem 2. Interface de utilizador Web do HDFS mostrando o resumo da configuração

3. Informações sobre o nó de dados

Um DataNode armazena dados no HDFS. Um sistema de ficheiros funcional pode ter mais do que um DataNode, com dados replicados entre eles. As informações do DataNode mostradas na Imagem 3 abaixo mostram que o DataNode disponível no nosso sistema HDFS, "neetu-VirtualBox:50010", está no estado de serviço com capacidade de 94,19 GB e 49 blocos. O DataNode executa ainda operações de leitura e escrita no sistema de ficheiros, de acordo com o pedido do cliente.

Datanode Information

In operation

Node	Last contact	Admin State	Capacity	Used	Non DFS Used	Remaining	Blocks	Block pool used	Failed Volumes	Version
neetu-VirtualBox:50010 (127.0.0.1:50010)	0	In Service	94.19 GB	286.57 MB	13.04 GB	80.87 GB	49	286.67 MB (0.3%)	0	2.7.1

Imagem 3. Interface de utilizador Web do HDFS que mostra informações do DataNode

4. Informações sobre o NóNome

O NameNode é a peça central de um HDFS. Permite ao utilizador navegar no sistema de ficheiros. O NameNode actua como um servidor principal e gere o espaço de nomes do sistema de ficheiros. O NameNode também fornece algumas informações de registo sobre a situação atual, representando o ID da transação, a localização do gestor de diário e o estado. O diretório NameNode é configurado manualmente em hdfs-site.xml durante a instalação do Hadoop.

NameNode Journal Status

Current transaction ID: 1075

Journal Manager	State
FileJournalManager(root=/tmp/hadoop-hadoop1/dfs/name)	EditLogFileOutputStream(/tmp/hadoop-hadoop1/dfs/name/current/edits_inprogress_0000000000000001075)

NameNode Storage

Storage Directory	Type	State
/tmp/hadoop-hadoop1/dfs/name	IMAGE_AND_EDITS	Active

Hadoop, 2015

Imagem 4. Interface de utilizador Web do HDFS mostrando o estado do diário NameNode e o armazenamento

5. Procurar no diretório

A imagem 5 mostrada abaixo é o diretório apresentado no sistema de ficheiros HDFS. A IU tem várias secções, Overview (Visão geral), Datanodes (Nós de dados), Snapshots (Instantâneos), progresso do arranque e utilitários. O diretório do navegador listado abaixo mostra o diretório criado no HDFS para armazenar os ficheiros de entrada e os resultados de saída. Podem ser atribuídos diferentes níveis de permissões aos ficheiros e o proprietário pode ser especificado para cada ficheiro.

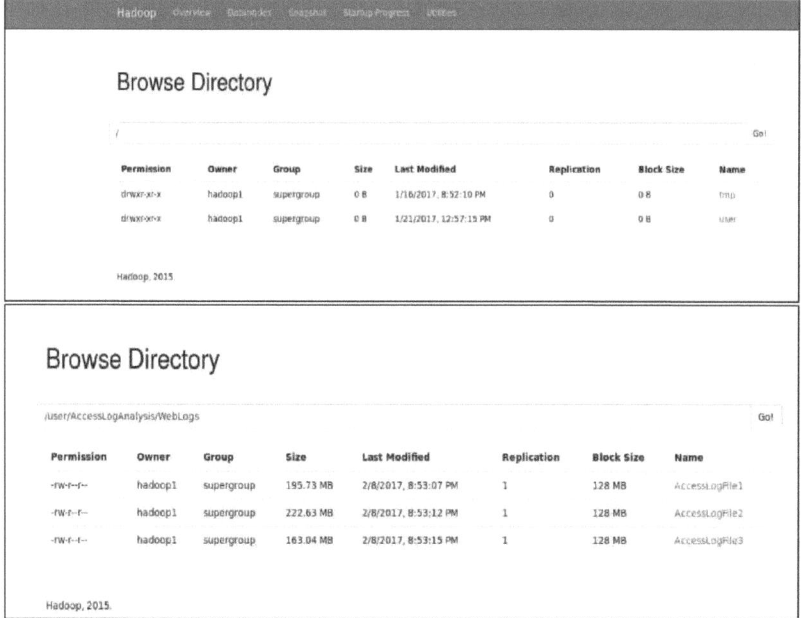

Imagem 5. Interface Web do utilizador do HDFS Diretório

C. Processos MapReduce

1. Detalhes dos registos

Como mostrado na imagem 6 abaixo, o registo mostra que ficheiros estão a ser executados a partir de que localização. No nosso caso, como mostrado na imagem 6, estamos a executar o nosso ficheiro a partir da localização do HDFS. O registo mostra o nome do trabalho em execução (job_145478739_8002), a localização da tarefa de saída guardada, o estado da execução da tarefa de redução, etc.

Imagem 6. Registos durante a execução do ficheiro de entrada na shell do Pig Grunt

2. Relatório do registo de saída

Como mostra a imagem 7, o registo informa:

I. Ler com êxito 1891715 registos

II. Registos armazenados com sucesso 1099799 ficheiros.

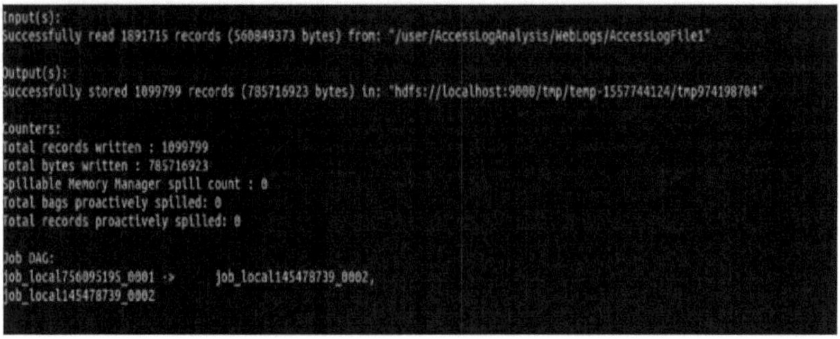

```
Input(s):
Successfully read 1891715 records (560849373 bytes) from: "/user/AccessLogAnalysis/WebLogs/AccessLogFile1"

Output(s):
Successfully stored 1099799 records (785716923 bytes) in: "hdfs://localhost:9000/tmp/temp-1557744124/tmp974198704"

Counters:
Total records written : 1099799
Total bytes written : 785716923
Spillable Memory Manager spill count : 0
Total bags proactively spilled: 0
Total records proactively spilled: 0

Job DAG:
job_local756095195_0001 ->      job_local145478739_0002,
job_local145478739_0002
```

Imagem 7. Relatório de registo de saída na shell do Pig Grunt D.

D. Amostra de ficheiro de registo de entrada sanpshot

```
ect.net - - [01/Jul/1995:00:05:23 -0400] "GET /icons/menu.xbm HTTP/1.0" 200 527ix-war-mi1-20.ix.netcom.com - - [01/Jul/1995:00:05:23 -0400] "GET /icons/text
52 - - [01/Jul/1995:00:05:35 -0400] "GET /images/KSC-logosmall.gif HTTP/1.0" 200 1204port2.electrotex.com - - [01/Jul/1995:00:05:37 -0400] "GET /shuttle/cou
.ab.ca - - [01/Jul/1995:00:05:43 -0400] "GET /shuttle/missions/sts-71/images/KSC-95EC-0876.gif HTTP/1.0" 200 51398ix-war-mi1-20.ix.netcom.com - - [01/Jul/19
untdown/ HTTP/1.0" 200 3985slip4068.sirius.com - - [01/Jul/1995:00:05:55 -0400] "GET /ksc.html HTTP/1.0" 200 7074pm4_23.digital.net - - [01/Jul/1995:00:05:5
:06:02 -0400] "GET /history/history.html HTTP/1.0" 200 1502news.ti.com - - [01/Jul/1995:00:06:03 -0400] "GET /shuttle/missions/sts-71/sts-71-patch-small.gif
/1995:00:06:11 -0400] "GET /images/faq.gif HTTP/1.0" 200 263burger.letters.com - - [01/Jul/1995:00:06:12 -0400] "GET /shuttle/countdown/liftoff.html HTTP/1.
ssions/missions.html HTTP/1.0" 200 8677gater4.sematech.org - - [01/Jul/1995:00:06:26 -0400] "GET /cgi-bin/imagemap/countdown?88,208 HTTP/1.0" 302 95remote27
mages/kscmap-tiny.gif HTTP/1.0" 200 2537ix-wbg-va2-26.ix.netcom.com - - [01/Jul/1995:00:06:33 -0400] "GET /history/apollo/apollo-11/images/ HTTP/1.0" 200 34
0 3985www-a1.proxy.aol.com - - [01/Jul/1995:00:06:39 -0400] "GET /images/whatsnew.gif HTTP/1.0" 200 651slip132.indirect.com - - [01/Jul/1995:00:06:41 -0400]
pc.com - - [01/Jul/1995:00:06:49 -0400] "GET /images/mercury-logo.gif HTTP/1.0" 200 6588brandt.xensei.com - - [01/Jul/1995:00:06:54 -0400] "GET /shuttle/mis
- - [01/Jul/1995:00:07:04 -0400] "GET /images/WORLD-logosmall.gif HTTP/1.0" 200 669p06.eznets.canton.oh.us - - [01/Jul/1995:00:07:08 -0400] "GET /shuttle/mi
P/1.0" 200 52491ppp236.iadfw.net - - [01/Jul/1995:00:07:20 -0400] "GET /software/winvn/winvn.html HTTP/1.0" 200 9867ad12-051.compuserve.com - - [01/Jul/1995
ruct.gif HTTP/1.0" 200 1414asp.erinet.com - - [01/Jul/1995:00:07:27 -0400] "GET /software/winvn/bluemarb.gif HTTP/1.0" 200 4441ppp236.iadfw.net - - [01/Jul/
/htbin/cdt_main.pl HTTP/1.0" 200 3214ix-sd11-26.ix.netcom.com - - [01/Jul/1995:00:07:34 -0400] "GET /shuttle/countdown/count.gif HTTP/1.0" 200 40310ix-sd11-
/1.0" 200 363ppp4.sunrem.com - - [01/Jul/1995:00:07:37 -0400] "GET /shuttle/countdown/ HTTP/1.0" 200 3985199.166.39.14 - - [01/Jul/1995:00:07:37 -0400] "GET
ppp4.sunrem.com - - [01/Jul/1995:00:07:43 -0400] "GET /images/KSC-logosmall.gif HTTP/1.0" 200 1204pm4_23.digital.net - - [01/Jul/1995:00:07:43 -0400] "GET /
0:07:50 -0400] "GET /shuttle/missions/sts-71/mission-sts-71.html HTTP/1.0" 200 12040asp.erinet.com - - [01/Jul/1995:00:07:52 -0400] "GET /images/WORLD-logos
" 200 1713ppp-mia-53.shadow.net - - [01/Jul/1995:00:08:03 -0400] "GET /images/KSC-logosmall.gif HTTP/1.0" 200 1204dnet018.sat.texas.net - - [01/Jul/1995:00:
ntdown/ HTTP/1.0" 200 3985brandt.xensei.com - - [01/Jul/1995:00:08:13 -0400] "GET /images/NASA-logosmall.gif HTTP/1.0" 304 0net-1-141.eden.com - - [01/Jul/1
1.0" 200 786ttyu0.tyrell.net - - [01/Jul/1995:00:08:27 -0400] "GET /images/MOSAIC-logosmall.gif HTTP/1.0" 200 363199.120.91.6 - - [01/Jul/1995:00:08:28 -040
"GET /images/NASA-logosmall.gif HTTP/1.0" 200 786ix-sd11-26.ix.netcom.com - - [01/Jul/1995:00:08:33 -0400] "GET /shuttle/missions/sts-71/images/images.html
/Jul/1995:00:08:52 -0400] "GET /shuttle/countdown/count.gif HTTP/1.0" 200 40310ix-dfw13-20.ix.netcom.com - - [01/Jul/1995:00:08:52 -0400] "GET /images/NASA-
IC-logosmall.gif HTTP/1.0" 200 363slip1.yab.com - - [01/Jul/1995:00:09:02 -0400] "GET /history/skylab/skylab-4.html HTTP/1.0" 200 1393pipe6.nyc.pipeline.com
HTTP/1.0" 200 20484166.79.67.111 - - [01/Jul/1995:00:09:17 -0400] "GET /shuttle/countdown/count.gif HTTP/1.0" 200 40310wwwproxy.info.au - - [01/Jul/1995:00:
ages/KSC-logosmall.gif HTTP/1.0" 304 0pm110.spectra.net - - [01/Jul/1995:00:09:30 -0400] "GET /shuttle/missions/sts-71/mission-sts-71.html HTTP/1.0" 200 120
304 0wwwproxy.info.au - - [01/Jul/1995:00:09:39 -0400] "GET /images/USA-logosmall.gif HTTP/1.0" 304 0pm110.spectra.net - - [01/Jul/1995:00:09:40 -0400] "GET
995:00:09:54 -0400] "GET /shuttle/countdown/ HTTP/1.0" 200 3985slip1.kias.com - - [01/Jul/1995:00:09:55 -0400] "GET /htbin/wais.pl HTTP/1.0" 200 308pm110.sp
/icons/blank.xbm HTTP/1.0" 200 509129.188.154.200 - - [01/Jul/1995:00:10:07 -0400] "GET /icons/menu.xbm HTTP/1.0" 200 527129.188.154.200 - - [01/Jul/1995:00
-0400] "GET /ksc.html HTTP/1.0" 200 7074129.188.154.200 - - [01/Jul/1995:00:10:23 -0400] "GET /shuttle/missions/sts-71/ HTTP/1.0" 200 3373ix-dfw13-20.ix.net
:31 -0400] "GET /shuttle/missions/51-l/images/86HC159.GIF HTTP/1.0" 200 78295www-d3.proxy.aol.com - - [01/Jul/1995:00:10:32 -0400] "GET /shuttle/missions/st
nfo.html HTTP/1.0" 200 1387ppp-mia-53.shadow.net - - [01/Jul/1995:00:10:40 -0400] "GET /shuttle/missions/sts-71/images/images.html HTTP/1.0" 200 7634brandt.
200 689129.188.154.200 - - [01/Jul/1995:00:10:52 -0400] "GET /icons/image.xbm HTTP/1.0" 200 509teleman.pr.mcs.net - - [01/Jul/1995:00:10:53 -0400] "GET /shu
HTTP/1.0" 200 2244taiki4.envi.osakafu-u.ac.jp - - [01/Jul/1995:00:11:03 -0400] "GET /images/NASA-logosmall.gif HTTP/1.0" 200 786dynip38.efn.org - - [01/Jul/
.bnr.ca - - [01/Jul/1995:00:11:14 -0400] "GET /htbin/cdt_main.pl HTTP/1.0" 200 3214129.188.154.200 - - [01/Jul/1995:00:11:15 -0400] "GET /shuttle/missions/
r.html HTTP/1.0" 200 3723slip1.kias.com - - [01/Jul/1995:00:11:24 -0400] "GET /shuttle/countdown/count.gif HTTP/1.0" 200 40310teleman.pr.mcs.net - - [01/Jul
```

```
t.texas.net - - [01/Jul/1995:00:11:30 -0400] "GET /icons/blank.xbm HTTP/1.0" 200 509pm28.sonic.net - - [01/Jul/1995:00:11:31 -0400] "GET /shuttle/countdown/
efn.org - - [01/Jul/1995:00:11:36 -0400] "GET /software/winvn/release.txt HTTP/1.0" 200 23052pm28.sonic.net - - [01/Jul/1995:00:11:36 -0400] "GET /images/KS
01/Jul/1995:00:11:42 -0400] "GET /shuttle/countdown/count.html HTTP/1.0" 200 73231ix-dfw13-20.ix.netcom.com - - [01/Jul/1995:00:11:44 -0400] "GET /cgi-bin/i
ttle/missions/sts-71/sts-71-patch-small.gif HTTP/1.0" 200 12054ppp3_136.bekkoame.or.jp - - [01/Jul/1995:00:11:49 -0400] "GET /images/USA-logosmall.gif HTTP/
/shuttle/missions/sts-74/mission-sts-74.html HTTP/1.0" 200 3707teleman.pr.mcs.net - - [01/Jul/1995:00:11:58 -0400] "GET /images/KSC-94EC-412-small.gif HTTP/
HTTP/1.0" 200 29634slip1.kias.com - - [01/Jul/1995:00:12:11 -0400] "GET /shuttle/missions/sts-71/images/images.html HTTP/1.0" 200 7634www-b2.proxy.aol.com -
2:20 -0400] "GET /images/WORLD-logosmall.gif HTTP/1.0" 200 669teleman.pr.mcs.net - - [01/Jul/1995:00:12:20 -0400] "GET /cgi-bin/imagemap/countdown?321,276 H
rim.or.jp - - [01/Jul/1995:00:12:26 -0400] "GET /images/USA-logosmall.gif HTTP/1.0" 200 234dnet018.sat.texas.net - - [01/Jul/1995:00:12:28 -0400] "GET /hist
.gif HTTP/1.0" 200 31631blv-pm0-ip28.halcyon.com - - [01/Jul/1995:00:12:36 -0400] "GET /history/history.html HTTP/1.0" 304 0205.157.131.144 - - [01/Jul/1995
/1995:00:12:45 -0400] "GET /shuttle/missions/sts-71/images/KSC-95EC-0917.gif HTTP/1.0" 200 30995dd11-054.compuserve.com - - [01/Jul/1995:00:12:49 -0400] "GE
32www-d3.proxy.aol.com - - [01/Jul/1995:00:13:02 -0400] "GET /shuttle/missions/sts-71/images/KSC-95EC-0918.jpg HTTP/1.0" 200 46888dnet018.sat.texas.net - -
- [01/Jul/1995:00:13:11 -0400] "GET /shuttle/technology/sts-newsref/sts-lcc.html HTTP/1.0" 200 32252uconnvm.uconn.edu - - [01/Jul/1995:00:13:13 -0400] "GET
-press-kit.txt HTTP/1.0" 200 78588kenmarks-ppp.clark.net - - [01/Jul/1995:00:13:28 -0400] "GET /software/winvn/winvn.html HTTP/1.0" 200 9867ppp4.sunrem.com
net - - [01/Jul/1995:00:13:33 -0400] "GET /images/WORLD-logosmall.gif HTTP/1.0" 304 0kenmarks-ppp.clark.net - - [01/Jul/1995:00:13:34 -0400] "GET /images/co
skylab/skylab-3.html HTTP/1.0" 200 1424waters-gw.starway.net.au - - [01/Jul/1995:00:13:47 -0400] "GET /shuttle/missions/51-l/movies/ HTTP/1.0" 200 372oahu-5
/persons/astronauts/i-to-l/lousmaJR.txt HTTP/1.0" 404 -waters-gw.starway.net.au - - [01/Jul/1995:00:14:18 -0400] "GET /shuttle/missions/51-l/docs/ HTTP/1.0"
00:14:26 -0400] "GET /images/KSC-logosmall.gif HTTP/1.0" 200 1204sfsp86.slip.net - - [01/Jul/1995:00:14:27 -0400] "GET /shuttle/countdown/count.gif HTTP/1.0
00:15:55 -0400] "GET /shuttle/technology/sts-newsref/sts-lcc.html HTTP/1.0" 200 32252204.212.254.71 - - [01/Jul/1995:00:15:58 -0400] "GET /shuttle/countdown
.html HTTP/1.0" 200 1404156.151.176.30 - - [01/Jul/1995:00:16:04 -0400] "GET /ksc.html HTTP/1.0" 200 7074slip-5.io.com - - [01/Jul/1995:00:16:05 -0400] "GET
/shuttle/countdown/count.gif HTTP/1.0" 200 40310129.188.154.200 - - [01/Jul/1995:00:16:13 -0400] "GET /shuttle/missions/sts-71/movies/movies.html HTTP/1.0"
0400] "GET /images/launch-logo.gif HTTP/1.0" 200 1713svasu.extern.ucsd.edu - - [01/Jul/1995:00:16:17 -0400] "GET /icons/text.xbm HTTP/1.0" 200 527annex-p2.s
400] "GET /shuttle/missions/sts-71/movies/sts-71-mir-dock-2.mpg HTTP/1.0" 200 65536ix-wbg-va2-26.ix.netcom.com - - [01/Jul/1995:00:16:30 -0400] "GET /histor
995:00:16:37 -0400] "GET /images/NASA-logosmall.gif HTTP/1.0" 304 0156.151.176.45 - - [01/Jul/1995:00:16:37 -0400] "GET /images/ksclogo-medium.gif HTTP/1.0"
Jul/1995:00:16:43 -0400] "GET /images/launch-logo.gif HTTP/1.0" 304 0svasu.extern.ucsd.edu - - [01/Jul/1995:00:16:43 -0400] "GET /history/apollo/apollo.html
u-dialup-1005.cit.cornell.edu - - [01/Jul/1995:00:16:47 -0400] "GET /software/winvn/bluemarb.gif HTTP/1.0" 200 4441cu-dialup-1005.cit.cornell.edu - - [01/Ju
T /shuttle/countdown/ HTTP/1.0" 200 3985acs4.acs.ucalgary.ca - - [01/Jul/1995:00:16:53 -0400] "GET /shuttle/missions/missions.html HTTP/1.0" 200 8677ppp111.
ovies/astronauts.mpg HTTP/1.0" 200 106496cu-dialup-1005.cit.cornell.edu - - [01/Jul/1995:00:17:03 -0400] "GET /images/USA-logosmall.gif HTTP/1.0" 200 234129
A-logosmall.gif HTTP/1.0" 304 0ppp5.earthlight.co.nz - - [01/Jul/1995:00:17:13 -0400] "GET /shuttle/missions/sts-70/mission-sts-70.html HTTP/1.0" 200 134692
/Jul/1995:00:17:22 -0400] "GET /images/launch-logo.gif HTTP/1.0" 200 1713news.ti.com - - [01/Jul/1995:00:17:23 -0400] "GET /icons/blank.xbm HTTP/1.0" 200 50
tcom.com - - [01/Jul/1995:00:17:29 -0400] "GET /shuttle/missions/sts-68/images/ksc.gif HTTP/1.0" 200 152676detroit.freenet.org - - [01/Jul/1995:00:17:29 -04
1.0" 200 2261129.188.154.200 - - [01/Jul/1995:00:17:39 -0400] "GET /htbin/cdt_main.pl HTTP/1.0" 200 3214leet.cts.com - - [01/Jul/1995:00:17:42 -0400] "GET /
1-info.html HTTP/1.0" 200 1440kuts5p06.cc.ukans.edu - - [01/Jul/1995:00:17:55 -0400] "GET /shuttle/missions/sts-77/mission-sts-77.html HTTP/1.0" 200 3071tra
ml HTTP/1.0" 200 1395kuts5p06.cc.ukans.edu - - [01/Jul/1995:00:18:08 -0400] "GET /shuttle/missions/sts-76/mission-sts-76.html HTTP/1.0" 200 3109h-shining.no
o.uk - - [01/Jul/1995:00:18:13 -0400] "GET /history/apollo/images/footprint-logo.gif HTTP/1.0" 200 4209slip-5.io.com - - [01/Jul/1995:00:18:15 -0400] "GET /
/1.0" 200 509www-a1.proxy.aol.com - - [01/Jul/1995:00:18:27 -0400] "GET /facilities/vab.html HTTP/1.0" 200 4045teleman.pr.mcs.net - - [01/Jul/1995:00:18:28
```

File Edit Format View Help

```
o.uk - - [01/Jul/1995:00:18:13 -0400] "GET /history/apollo/images/footprint-logo.gif HTTP/1.0" 200 4209slip-5.io.com - - [01/Jul/1995:00:18:15 -0400] "GET /:
/1.0" 200 509www-a1.proxy.aol.com - - [01/Jul/1995:00:18:27 -0400] "GET /facilities/vab.html HTTP/1.0" 200 4045teleman.pr.mcs.net - - [01/Jul/1995:00:18:28
m - - [01/Jul/1995:00:18:33 -0400] "GET /history/apollo/as-201/sounds/ HTTP/1.0" 200 372ottgate2.bnr.ca - - [01/Jul/1995:00:18:34 -0400] "GET /shuttle/techn
TTP/1.0" 200 786whlane.cts.com - - [01/Jul/1995:00:18:41 -0400] "GET /images/KSC-logosmall.gif HTTP/1.0" 200 1204slip-5.io.com - - [01/Jul/1995:00:18:41 -04
ages/launch-logo.gif HTTP/1.0" 200 1713ppp5.earthlight.co.nz - - [01/Jul/1995:00:18:46 -0400] "GET /shuttle/missions/sts-70/images/ HTTP/1.0" 200 966cu-dial
untdown/ HTTP/1.0" 200 3985h-shining.norfolk.infi.net - - [01/Jul/1995:00:19:01 -0400] "GET /shuttle/resources/orbiters/atlantis-logo.gif HTTP/1.0" 200 4179
ges/images.html HTTP/1.0" 200 7634dialup61.afn.org - - [01/Jul/1995:00:19:04 -0400] "GET /shuttle/missions/sts-71/movies/movies.html HTTP/1.0" 304 0whlane.c
95:00:19:11 -0400] "GET /cgi-bin/imagemap/countdown?370,276 HTTP/1.0" 302 68traitor.demon.co.uk - - [01/Jul/1995:00:19:12 -0400] "GET /history/apollo/images,
"GET /history/apollo/apollo-13/apollo-13-info.html HTTP/1.0" 200 1583acs4.acs.ucalgary.ca - - [01/Jul/1995:00:19:17 -0400] "GET /shuttle/missions/sts-71/new
TP/1.0" 200 48591ottgate2.bnr.ca - - [01/Jul/1995:00:19:26 -0400] "GET /shuttle/technology/images/et-intertank_1-small.gif HTTP/1.0" 200 79791ppp160.iadfw.n
.com - - [01/Jul/1995:00:19:35 -0400] "GET /shuttle/countdown/video/livevideo.jpeg HTTP/1.0" 200 47296204.248.98.63 - - [01/Jul/1995:00:19:36 -0400] "GET /c
off.html HTTP/1.0" 200 4538ix-dfw11-01.ix.netcom.com - - [01/Jul/1995:00:19:41 -0400] "GET /shuttle/missions/sts-71/mission-sts-71.html HTTP/1.0" 200 12040t
ttle/missions/sts-71/sts-71-patch-small.gif HTTP/1.0" 200 12054dal31.pic.net - - [01/Jul/1995:00:19:45 -0400] "GET /images/NASA-logosmall.gif HTTP/1.0" 200
13teleman.pr.mcs.net - - [01/Jul/1995:00:19:56 -0400] "GET /history/apollo/apollo-13/apollo-13-patch-small.gif HTTP/1.0" 200 12859temprano.netheaven.com - -
Jul/1995:00:20:05 -0400] "GET /shuttle/resources/orbiters/orbiters-logo.gif HTTP/1.0" 200 1932202.70.0.6 - - [01/Jul/1995:00:20:05 -0400] "GET /shuttle/miss
202.70.0.6 - - [01/Jul/1995:00:20:12 -0400] "GET /shuttle/missions/sts-63/sounds/ HTTP/1.0" 200 378slip-28-14.ots.utexas.edu - - [01/Jul/1995:00:20:12 -0400
/1.0" 200 31631slip-5.io.com - - [01/Jul/1995:00:20:17 -0400] "GET /history/apollo/as-201/ HTTP/1.0" 200 1699202.70.0.6 - - [01/Jul/1995:00:20:18 -0400] "GE
shuttle/countdown/liftoff.html HTTP/1.0" 200 4538p43.infinet.com - - [01/Jul/1995:00:20:26 -0400] "GET /shuttle/technology/sts-newsref/stsref-toc.html HTTP/
- [01/Jul/1995:00:20:29 -0400] "GET /images/NASA-logosmall.gif HTTP/1.0" 200 786134.20.175.12 - - [01/Jul/1995:00:20:30 -0400] "GET /images/NASA-logosmall.g
nfi.net - - [01/Jul/1995:00:20:35 -0400] "GET /shuttle/missions/sts-70/mission-sts-70.html HTTP/1.0" 200 13469www-a1.proxy.aol.com - - [01/Jul/1995:00:20:36
1995:00:20:44 -0400] "GET /shuttle/technology/images/et_1.jpg HTTP/1.0" 200 144114202.70.0.6 - - [01/Jul/1995:00:20:45 -0400] "GET /shuttle/missions/sts-63/
-0918.jpg HTTP/1.0" 200 46888slip-5.io.com - - [01/Jul/1995:00:20:55 -0400] "GET /icons/sound.xbm HTTP/1.0" 200 530ix-phx5-17.ix.netcom.com - - [01/Jul/1995
s/sound.xbm HTTP/1.0" 200 530ix-sd9-18.ix.netcom.com - - [01/Jul/1995:00:21:01 -0400] "GET /images/MOSAIC-logosmall.gif HTTP/1.0" 200 363ix-tam1-26.ix.netco
/sts-71/images/images.html HTTP/1.0" 200 7634134.20.175.12 - - [01/Jul/1995:00:21:11 -0400] "GET /cgi-bin/imagemap/countdown?110,112 HTTP/1.0" 302 111ix-ftw
11.gif HTTP/1.0" 200 1204blv-pm2-ip16.halcyon.com - - [01/Jul/1995:00:21:23 -0400] "GET /shuttle/missions/sts-68/sts-68-patch-small.gif HTTP/1.0" 200 17459i
72204.97.234.46 - - [01/Jul/1995:00:21:38 -0400] "GET / HTTP/1.0" 200 7074midcom.com - - [01/Jul/1995:00:21:39 -0400] "GET /history/apollo/apollo-13/sounds/
363annex12-36.dial.umd.edu - - [01/Jul/1995:00:21:45 -0400] "GET /shuttle/missions/sts-71/images/KSC-95EC-0589.jpg HTTP/1.0" 200 64427ix-dfw11-01.ix.netcom.
204.97.234.46 - - [01/Jul/1995:00:21:50 -0400] "GET /images/USA-logosmall.gif HTTP/1.0" 200 234ix-phx5-17.ix.netcom.com - - [01/Jul/1995:00:21:50 -0400] "GE
00] "GET /images/ksclogosmall.gif HTTP/1.0" 200 3635ix-dfw11-01.ix.netcom.com - - [01/Jul/1995:00:21:54 -0400] "GET /shuttle/resources/orbiters/orbiters-log
ts-71/sts-71-patch-small.gif HTTP/1.0" 200 12054dal31.pic.net - - [01/Jul/1995:00:21:59 -0400] "GET /shuttle/resources/orbiters/atlantis-logo.gif HTTP/1.0"
0] "GET /images/WORLD-logosmall.gif HTTP/1.0" 200 669kuts5p06.cc.ukans.edu - - [01/Jul/1995:00:22:08 -0400] "GET /shuttle/missions/sts-71/mission-sts-71.htm
HTTP/1.0" 200 40310sam-slip-16.neosoft.com - - [01/Jul/1995:00:22:13 -0400] "GET /images/NASA-logosmall.gif HTTP/1.0" 200 786sam-slip-16.neosoft.com - - [01
.com - - [01/Jul/1995:00:22:22 -0400] "GET /shuttle/missions/sts-71/images/KSC-95EC-0912.gif HTTP/1.0" 200 48305ix-tam1-26.ix.netcom.com - - [01/Jul/1995:00
85ix-dfw11-01.ix.netcom.com - - [01/Jul/1995:00:22:29 -0400] "GET /shuttle/missions/100th.html HTTP/1.0" 200 32303chi067.wwa.com - - [01/Jul/1995:00:22:31 -
00:22:39 -0400] "GET /shuttle/missions/sts-71/images/KSC-95EC-0443.gif HTTP/1.0" 200 64910dnet018.sat.texas.net - - [01/Jul/1995:00:22:42 -0400] "GET /histo
```

File Edit Format View Help

85ix-dfw11-01.ix.netcom.com - - [01/Jul/1995:00:22:29 -0400] "GET /shuttle/missions/100th.html HTTP/1.0" 200 32303chi067.wwa.com - - [01/Jul/1995:00:22:31 -
00:22:39 -0400] "GET /shuttle/missions/sts-71/images/KSC-95EC-0443.gif HTTP/1.0" 200 64910dnet018.sat.texas.net - - [01/Jul/1995:00:22:42 -0400] "GET /histo


```
hp.com - - [01/Jul/1995:00:22:57 -0400] "GET /images/ksclogo-medium.gif HTTP/1.0" 304 0crl4.crl.com - - [01/Jul/1995:00:22:58 -0400] "GET /shuttle/missions/
- - [01/Jul/1995:00:23:01 -0400] "GET /shuttle/countdown/count.gif HTTP/1.0" 200 40310picard.microsys.net - - [01/Jul/1995:00:23:02 -0400] "GET /shuttle/mis
/shuttle/countdown/ HTTP/1.0" 304 0palona1.cns.hp.com - - [01/Jul/1995:00:23:09 -0400] "GET /images/MOSAIC-logosmall.gif HTTP/1.0" 304 0sartre.execpc.com -
o/images/footprint-small.gif HTTP/1.0" 200 18149palona1.cns.hp.com - - [01/Jul/1995:00:23:19 -0400] "GET /images/USA-logosmall.gif HTTP/1.0" 304 0rlnport2.c
/ HTTP/1.0" 200 3985palona1.cns.hp.com - - [01/Jul/1995:00:23:27 -0400] "GET /facts/facts.html HTTP/1.0" 200 4717chi067.wwa.com - - [01/Jul/1995:00:23:27 -0
66gclab040.ins.gu.edu.au - - [01/Jul/1995:00:23:34 -0400] "GET /cgi-bin/imagemap/countdown?104,169 HTTP/1.0" 302 110gclab040.ins.gu.edu.au - - [01/Jul/1995:
6149.171.160.183 - - [01/Jul/1995:00:23:46 -0400] "GET /shuttle/missions/sts-71/sts-71-patch-small.gif HTTP/1.0" 200 12054ix-ftw-tx1-21.ix.netcom.com - - [0
y2.indy.net - - [01/Jul/1995:00:24:01 -0400] "GET /images/ksclogo-medium.gif HTTP/1.0" 200 5866gclab040.ins.gu.edu.au - - [01/Jul/1995:00:24:01 -0400] "GET
00 40310indy2.indy.net - - [01/Jul/1995:00:24:09 -0400] "GET /images/MOSAIC-logosmall.gif HTTP/1.0" 200 363indy2.indy.net - - [01/Jul/1995:00:24:10 -0400] "
x.netcom.com - - [01/Jul/1995:00:24:17 -0400] "GET /images/kscmap-small.gif HTTP/1.0" 200 39017149.171.160.182 - - [01/Jul/1995:00:24:18 -0400] "GET /shuttl
00:24:25 -0400] "GET /shuttle/missions/missions.html HTTP/1.0" 200 8677blv-pm2-ip16.halcyon.com - - [01/Jul/1995:00:24:27 -0400] "GET /images/launchmedium.g
p.com - - [01/Jul/1995:00:24:39 -0400] "GET /images/WORLD-logosmall.gif HTTP/1.0" 304 0alyssa.prodigy.com - - [01/Jul/1995:00:24:44 -0400] "GET /shuttle/mis
/Jul/1995:00:24:51 -0400] "GET /shuttle/missions/sts-71/images/images.html HTTP/1.0" 200 7634blv-pm2-ip16.halcyon.com - - [01/Jul/1995:00:24:51 -0400] "GET
"GET /shuttle/missions/sts-71/sts-71-patch-small.gif HTTP/1.0" 200 12054indy2.indy.net - - [01/Jul/1995:00:25:02 -0400] "GET /shuttle/missions/sts-71/missio
huttle/missions/sts-71/movies/sts-71-tcdt-crew-walkout.mpg HTTP/1.0" 200 49152deimos.lpl.arizona.edu - - [01/Jul/1995:00:25:10 -0400] "GET /shuttle/missions
1.0" 200 1713sartre.execpc.com - - [01/Jul/1995:00:25:20 -0400] "GET /shuttle/countdown/ HTTP/1.0" 304 0ix-phx5-17.ix.netcom.com - - [01/Jul/1995:00:25:21 -
/1.0" 200 25814boing.dgsys.com - - [01/Jul/1995:00:25:31 -0400] "GET /shuttle/missions/sts-67/sts-67-patch-small.gif HTTP/1.0" 200 17083ix-orl2-16.ix.netcom
00 12054svasu.extern.ucsd.edu - - [01/Jul/1995:00:25:38 -0400] "GET /history/apollo/apollo-1/apollo-1.html HTTP/1.0" 200 3842ix-orl2-16.ix.netcom.com - - [0
clogosmall.gif HTTP/1.0" 200 3635149.171.160.182 - - [01/Jul/1995:00:25:44 -0400] "GET /images/launch-logo.gif HTTP/1.0" 200 1713n1031681.ksc.nasa.gov - - [
00] "GET /images/launch-logo.gif HTTP/1.0" 200 1713teleman.pr.mcs.net - - [01/Jul/1995:00:25:53 -0400] "GET /history/apollo/apollo-13/sounds/a13_002.wav HTT
om - - [01/Jul/1995:00:26:08 -0400] "GET /shuttle/missions/sts-71/sts-71-press-kit.txt HTTP/1.0" 200 78588128.187.140.171 - - [01/Jul/1995:00:26:09 -0400] "
0" 200 40310128.187.140.171 - - [01/Jul/1995:00:26:12 -0400] "GET /images/KSC-logosmall.gif HTTP/1.0" 200 1204slip2-42.acs.ohio-state.edu - - [01/Jul/1995:0
" 302 96cruzio.com - - [01/Jul/1995:00:26:23 -0400] "GET /shuttle/countdown/video/livevideo.jpeg HTTP/1.0" 200 47699www-b3.proxy.aol.com - - [01/Jul/1995:00
/shuttle/technology/sts-newsref/stsref-toc.html HTTP/1.0" 200 81920dal31.pic.net - - [01/Jul/1995:00:26:28 -0400] "GET /images/KSC-logosmall.gif HTTP/1.0" 2
00] "GET /images/ksclogosmall.gif HTTP/1.0" 200 3635fht.cts.com - - [01/Jul/1995:00:26:37 -0400] "GET /history/apollo/images/apollo-logo.gif HTTP/1.0" 200 3
0400] "GET /images/KSC-logosmall.gif HTTP/1.0" 200 1204ix-sd9-18.ix.netcom.com - - [01/Jul/1995:00:26:47 -0400] "GET /shuttle/resources/orbiters/atlantis.ht
rt.ab.ca - - [01/Jul/1995:00:26:52 -0400] "GET /images/ksclogosmall.gif HTTP/1.0" 200 3635ix-sd9-18.ix.netcom.com - - [01/Jul/1995:00:26:52 -0400] "GET /shu
:56 -0400] "GET /shuttle/missions/sts-71/mission-sts-71.html HTTP/1.0" 200 12040ix-orl2-16.ix.netcom.com - - [01/Jul/1995:00:26:57 -0400] "GET /images/WORLD
istory/apollo/apollo-goals.txt HTTP/1.0" 200 712ix-sd9-18.ix.netcom.com - - [01/Jul/1995:00:27:07 -0400] "GET /shuttle/resources/orbiters/orbiters-logo.gif
.0" 200 3985remote1-p16.ume.maine.edu - - [01/Jul/1995:00:27:14 -0400] "GET /shuttle/countdown/ HTTP/1.0" 200 3985svasu.extern.ucsd.edu - - [01/Jul/1995:00:
1/Jul/1995:00:27:22 -0400] "GET /history/apollo/apollo-13/images/index.gif HTTP/1.0" 200 99942sagami2.isc.meiji.ac.jp - - [01/Jul/1995:00:27:22 -0400] "GET
ttle/countdown/liftoff.html HTTP/1.0" 304 0dd11-006.compuserve.com - - [01/Jul/1995:00:27:27 -0400] "GET /shuttle/missions/missions.html HTTP/1.0" 200 8677d
27:32 -0400] "GET /shuttle/missions/sts-71/images/KSC-95EC-0918.gif HTTP/1.0" 200 31631fht.cts.com - - [01/Jul/1995:00:27:32 -0400] "GET /history/apollo/apo
```

```
ttle/countdown/liftoff.html HTTP/1.0" 304 0dd11-006.compuserve.com - - [01/Jul/1995:00:27:27 -0400] "GET /shuttle/missions/missions.html HTTP/1.0" 200 8677d:
27:32 -0400] "GET /shuttle/missions/sts-71/images/KSC-95EC-0918.gif HTTP/1.0" 200 31631fht.cts.com - - [01/Jul/1995:00:27:32 -0400] "GET /history/apollo/apo.
0" 200 3985gclab040.ins.gu.edu.au - - [01/Jul/1995:00:27:37 -0400] "GET /htbin/cdt_clock.pl HTTP/1.0" 200 543ix-sd9-18.ix.netcom.com - - [01/Jul/1995:00:27:
1/Jul/1995:00:27:45 -0400] "GET /images/USA-logosmall.gif HTTP/1.0" 200 234hoflink.com - - [01/Jul/1995:00:27:45 -0400] "GET /shuttle/missions/sts-5/mission-
if HTTP/1.0" 200 669128.187.140.171 - - [01/Jul/1995:00:27:49 -0400] "GET /cgi-bin/imagemap/countdown?375,269 HTTP/1.0" 302 68sartre.execpc.com - - [01/Jul/
0 3985ix-atl12-02.ix.netcom.com - - [01/Jul/1995:00:27:57 -0400] "GET /images/MOSAIC-logosmall.gif HTTP/1.0" 200 363piweba3y.prodigy.com - - [01/Jul/1995:00
200 8677www-a1.proxy.aol.com - - [01/Jul/1995:00:28:00 -0400] "GET /images/opf-logo.gif HTTP/1.0" 200 32511blv-pm2-ip16.halcyon.com - - [01/Jul/1995:00:28:0
" 200 12040kristina.az.com - - [01/Jul/1995:00:28:12 -0400] "GET /history/apollo/apollo-13/apollo-13-info.html HTTP/1.0" 200 1583halon.sybase.com - - [01/Ju
/missions/sts-5/sts-5-info.html HTTP/1.0" 200 1405teleman.pr.mcs.net - - [01/Jul/1995:00:28:25 -0400] "GET /history/apollo/apollo-13/news/ HTTP/1.0" 200 377
ons/sts-71/images/images.html HTTP/1.0" 200 7634149.171.160.182 - - [01/Jul/1995:00:28:33 -0400] "GET /shuttle/missions/sts-71/sts-71-day-04-highlights.html
A-logosmall.gif HTTP/1.0" 200 234kristina.az.com - - [01/Jul/1995:00:28:42 -0400] "GET /history/apollo/apollo-13/images/ HTTP/1.0" 200 1851brandt.xensei.com
] "GET /images/NASA-logosmall.gif HTTP/1.0" 200 786teleman.pr.mcs.net - - [01/Jul/1995:00:28:45 -0400] "GET /icons/image.xbm HTTP/1.0" 200 509whlane.cts.com
pl.arizona.edu - - [01/Jul/1995:00:28:54 -0400] "GET /shuttle/missions/sts-71/sts-71-patch-small.gif HTTP/1.0" 200 12054dal08.onramp.net - - [01/Jul/1995:00
ext.xbm HTTP/1.0" 200 527hoflink.com - - [01/Jul/1995:00:29:00 -0400] "GET /shuttle/missions/sts-5/movies/ HTTP/1.0" 200 375icagen.vnet.net - - [01/Jul/1995
.gif HTTP/1.0" 200 1713eagle.co.la.ca.us - - [01/Jul/1995:00:29:08 -0400] "GET /shuttle/missions/sts-71/mission-sts-71.html HTTP/1.0" 200 12040ix-sd9-18.ix.
com - - [01/Jul/1995:00:29:15 -0400] "GET /shuttle/missions/sts-71/news HTTP/1.0" 302 -ix-ftw-tx1-21.ix.netcom.com - - [01/Jul/1995:00:29:19 -0400] "GET /cg
/Jul/1995:00:29:28 -0400] "GET /software/winvn/wvsmall.gif HTTP/1.0" 200 13372ssandyg.scvnet.com - - [01/Jul/1995:00:29:30 -0400] "GET /shuttle/countdown HT
m - - [01/Jul/1995:00:29:35 -0400] "GET /images/KSC-logosmall.gif HTTP/1.0" 200 1204news.ti.com - - [01/Jul/1995:00:29:36 -0400] "GET /icons/movie.xbm HTTP/
29:49 -0400] "GET /facilities/lcc.html HTTP/1.0" 200 2489teleman.pr.mcs.net - - [01/Jul/1995:00:29:50 -0400] "GET /history/apollo/apollo-13/images/index.gif
ssions/sts-71/images/KSC-95EC-0918.jpg HTTP/1.0" 200 46888ppp31.cowan.edu.au - - [01/Jul/1995:00:30:03 -0400] "GET /shuttle/countdown/ HTTP/1.0" 200 3985bra
1.0" 200 1204131.128.2.155 - - [01/Jul/1995:00:30:10 -0400] "GET /shuttle/missions/sts-71/mission-sts-71.html HTTP/1.0" 200 12040halon.sybase.com - - [01/Ju
f HTTP/1.0" 200 40310131.128.2.155 - - [01/Jul/1995:00:30:18 -0400] "GET /shuttle/missions/sts-71/sts-71-patch-small.gif HTTP/1.0" 200 12054thimble-d229.sie
az.com - - [01/Jul/1995:00:30:31 -0400] "GET /history/apollo/apollo-13/images/70HC323.GIF HTTP/1.0" 200 154223ssandyg.scvnet.com - - [01/Jul/1995:00:30:31 -
36.dial.umd.edu - - [01/Jul/1995:00:30:39 -0400] "GET /shuttle/missions/sts-71/images/KSC-95EC-0893.jpg HTTP/1.0" 200 298302spazan.cts.com - - [01/Jul/1995:
995:00:30:46 -0400] "GET /shuttle/countdown/liftoff.html HTTP/1.0" 304 0spazan.cts.com - - [01/Jul/1995:00:30:46 -0400] "GET /images/USA-logosmall.gif HTTP/
"GET /shuttle/countdown/count.gif HTTP/1.0" 200 40310dd11-006.compuserve.com - - [01/Jul/1995:00:30:56 -0400] "GET /shuttle/missions/sts-71/news/sts-71-mcc-
400] "GET /shuttle/missions/sts-71/mission-sts-71.html HTTP/1.0" 200 12040spazan.cts.com - - [01/Jul/1995:00:31:06 -0400] "GET /shuttle/missions/sts-71/miss
1 -0400] "GET /shuttle/missions/sts-71/mission-sts-71.html HTTP/1.0" 200 12040larryr.cts.com - - [01/Jul/1995:00:31:11 -0400] "GET /images/KSC-logosmall.gif
mall.gif HTTP/1.0" 200 786pma02.rt66.com - - [01/Jul/1995:00:31:15 -0400] "GET /shuttle/missions/sts-67/images/images.html HTTP/1.0" 200 4464b14.ppp.mo.net
ET /history/apollo/apollo-13/images/70HC353.GIF HTTP/1.0" 200 153725dd11-006.compuserve.com - - [01/Jul/1995:00:31:35 -0400] "GET /icons/text.xbm HTTP/1.0"
1/1995:00:31:47 -0400] "GET /shuttle/countdown/tour.html HTTP/1.0" 200 4347dd11-006.compuserve.com - - [01/Jul/1995:00:31:47 -0400] "GET /shuttle/missions/s
95:00:32:02 -0400] "GET /images/NASA-logosmall.gif HTTP/1.0" 200 786piweba1y.prodigy.com - - [01/Jul/1995:00:32:02 -0400] "GET /shuttle/missions/sts-71/imag
1/Jul/1995:00:32:11 -0400] "GET /cgi-bin/imagemap/countdown?97,112 HTTP/1.0" 302 111larryr.cts.com - - [01/Jul/1995:00:32:11 -0400] "GET /shuttle/countdown/
tares.physics.carleton.edu - - [01/Jul/1995:00:32:13 -0400] "GET /shuttle/technology/images/srb_mod_compare_6-small.gif HTTP/1.0" 304 0antares.physics.carle
- [01/Jul/1995:00:32:19 -0400] "GET /images/ksclogo-medium.gif HTTP/1.0" 200 5866whlane.cts.com - - [01/Jul/1995:00:32:22 -0400] "GET /shuttle/technology/st
```

E. Instantâneo da amostra de saída

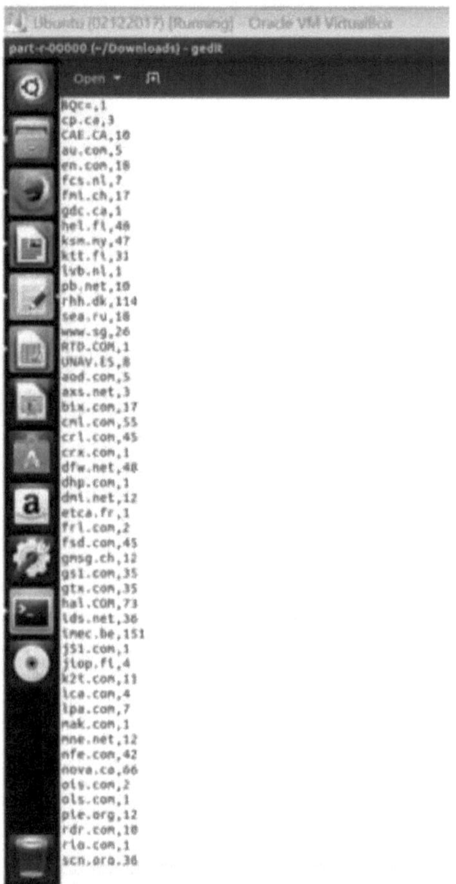

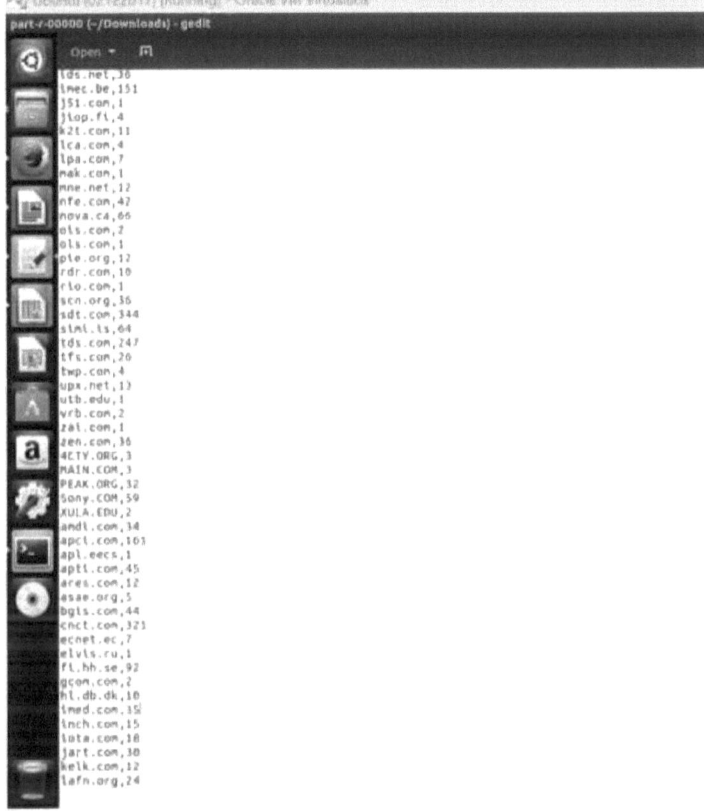
part-r-00000 (~/Downloads) - gedit
Open
ids.net,36
imec.be,151
j51.com,1
jiop.fi,4
k2t.com,11
lca.com,4
lpa.com,7
mak.com,1
mne.net,12
nfe.com,42
nova.c4,66
ois.com,2
ols.com,1
pie.org,12
rdr.com,10
rio.com,1
scn.org,36
sdt.com,344
siml.is,64
tds.com,247
tfs.com,26
twp.com,4
upx.net,13
utb.edu,1
vrb.com,2
zai.com,1
zen.com,36
4CTY.ORG,3
MAIN.COM,3
PEAK.ORG,32
Sony.COM,59
XULA.EDU,2
andi.com,34
apci.com,161
apl.eecs,1
apti.com,45
ares.com,12
asae.org,5
bgis.com,44
cnct.com,321
ecnet.ec,7
elvis.ru,1
fi.hh.se,92
gcom.com,2
hl.db.dk,16
imed.com,35
inch.com,15
iota.com,18
jart.com,30
kelk.com,12
lafn.org,24

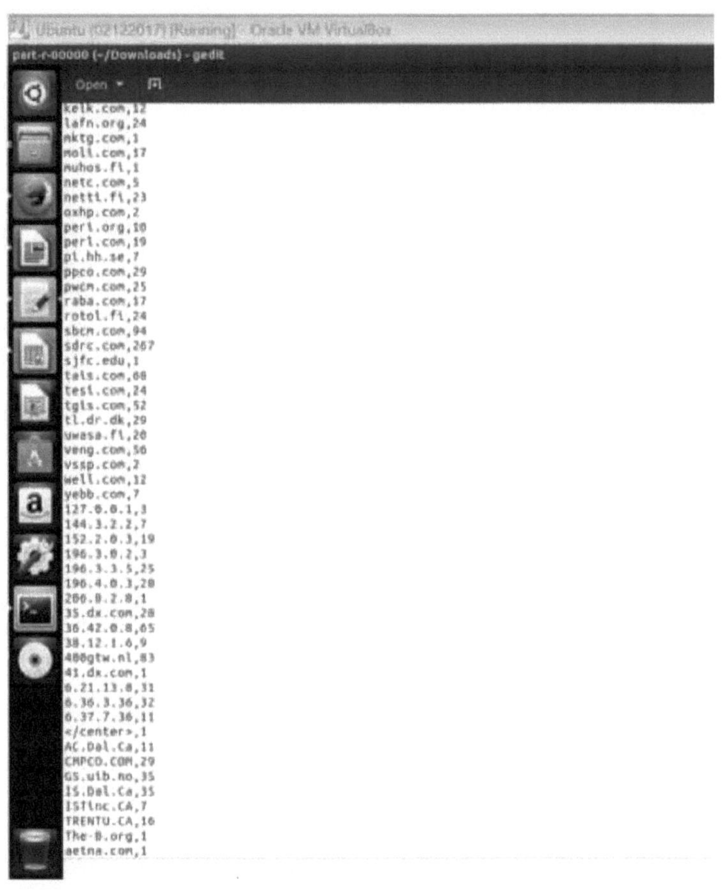
Ubuntu (02122017) [Running] - Oracle VM VirtualBox
part-r-00000 (~/Downloads) - gedit
Open
kelk.com,12
lafn.org,24
mktg.com,1
moli.com,17
muhos.fi,1
netc.com,5
netti.fi,23
oxhp.com,2
peri.org,10
perl.com,19
pi.hh.se,7
ppco.com,29
pwcm.com,25
raba.com,17
rotol.fi,24
sbcm.com,94
sdrc.com,267
sjfc.edu,1
tais.com,08
tesi.com,24
tgis.com,52
tl.dr.dk,29
uwasa.fi,20
veng.com,56
vssp.com,2
well.com,12
yebb.com,7
127.0.0.1,3
144.3.2.2,7
152.2.0.3,19
196.3.0.2,3
196.3.3.5,25
196.4.0.3,20
200.0.2.8,1
35.dx.com,28
36.42.0.8,65
38.12.1.6,9
400gtw.nl,83
41.dx.com,1
0.21.13.0,31
0.36.3.36,32
0.37.7.36,11
</center>,1
AC.Dal.Ca,11
CMPCD.COM,29
GS.uib.no,35
IS.Dal.Ca,35
ISTinc.CA,7
TRENTU.CA,16
The-B.org,1
aetna.com,1

Ubuntu (02122017) [Running] - Oracle VM VirtualBox
part-r-00000 (~/Downloads) - gedit
Open
clark.edu,2
clark.net,5607
clinet.fi,1
cpcug.org,232
cs.bc.edu,1
dames.com,3
db.sw.com,1
dmgow.com,8
ee.hit.fi,1
ee.tut.fi,2
eldec.com,42
emtek.com,6
fangz.com,1
fasor.com,2
fw.itu.ch,1
g8.rmc.ca,34
genie.com,77
glock.com,11
gsv.gu.se,234
hq.si.net,13
huber.com,130
i4.auc.dk,99
iainc.com,51
iglou.com,53
inmax.com,21
innet.com,2
isgate.is,224
itp.pp.fi,9
lacma.org,10
largo.com,2
linex.com,7
lisp.eecs,8
mm.fhg.de,26
mv.MV.COM,22
ncs.co.nz,45
nexus.net,1
ns.bmw.de,77
ns.ilk.de,19
ns.mol.fi,20
ns.osn.de,70
ns.scn.de,188
obo.pp.fi,16
panix.com,60
ph.idg.dk,4
prose.com,5
ps.rrv.se,31
ps.uib.es,4
qdeck.com,6
quirk.com,1
ra.icl.fi,18

Printed by Books on Demand GmbH, Norderstedt / Germany